中高职一体化机械设计制造类专业融合式项目教程

常用产品数控加工（下册）

A教程

禹　诚　周　姗　郑武臣　编著
张　杨　冯　敬
艾思远　贾永臻　参编

華中科技大學出版社
http://press.hust.edu.cn
中国·武汉

内 容 简 介

本教材中，编者原创“吊坠的绘图与制作”“迷你小锤的绘图与制作”“镂空魔方的绘图与制作”“坚果夹的绘图与制作”四个项目。通过【任务描述】【知识目标】【技能目标】【任务准备】【任务实施】【任务评价】等“做学教评同步”任务工作页驱动，引导学生完成：测绘与制作吊坠、测绘与制作迷你小锤、绘制与制作镂空魔方、绘制与制作坚果夹等 8 个任务，掌握机械制图、零件测量与质量控制技术、CAD/CAM 技术应用、数控车削加工技术与技能、数控铣削加工技术与技能等领域知识和技能的灵活应用。

图书在版编目(CIP)数据

常用产品数控加工（下册）A 教程 / 禹诚，周姗，郑武臣编著. -- 武汉 ：华中科技大学出版社，2024. 7. --（中高职一体化机械设计制造类专业融合式项目教程）. -- ISBN 978-7-5680-9742-0

Ⅰ. TG659-39

中国国家版本馆 CIP 数据核字第 20249TZ426 号

常用产品数控加工（下册）A 教程　　禹　诚　周　姗　郑武臣　编著

Changyong Chanpin Shukong Jiagong(Xiace)A Jiaocheng

策划编辑：王红梅

责任编辑：李　露

封面设计：原色设计

责任校对：刘小雨

责任监印：周治超

出版发行：华中科技大学出版社（中国 · 武汉）　　电话：(027)81321913

武汉市东湖新技术开发区华工科技园　　邮编：430223

录　　排：武汉市洪山区佳年华文印部

印　　刷：武汉科源印刷设计有限公司

开　　本：787mm×1092mm　1/16

印　　张：8.5

字　　数：175 千字

版　　次：2024 年 7 月第 1 版第 1 次印刷

定　　价：68.00 元

华中出版

本书若有印装质量问题，请向出版社营销中心调换

全国免费服务热线：400-6679-118　竭诚为您服务

前言

党的二十大报告提出，坚持把发展经济的着力点放在实体经济上，推进新型工业化，加快建设制造强国、质量强国、航天强国、交通强国、网络强国、数字中国。习近平总书记强调："装备制造业是国之重器，是实体经济的重要组成部分"。在推进中国式现代化的进程中，装备制造类技术技能人才对促进"强国"战略新质生产力发展起到重要作用。

为了培养促进"强国"战略新质生产力发展所需的高水平装备制造类技能人才，为了培养符合制造强国战略需要的高水平装备制造大类技能人才，编写团队专注中高职教育教学改革20多年，积累了丰富的项目化教学改革经验。本系列教材聚焦机械设计制造类专业学生学习和教师教学的痛点：一是中职和高职阶段专业课程缺乏统筹规划，教学衔接不畅，岗课证赛融通困难，毕业生难以满足企业岗位需求；二是传统专业教学通常采用专业基础和专业课分门分科教学，互为支撑的课程因开设时间不连续而彼此割裂，理论知识和实践技能脱节，造成学生学习困难、教师教学不畅。

编写团队依据陶行知"教学做合一"理念，通过对标机械设计制造类专业的职业面向、培养目标定位、专业能力要求，精心设计思政性、趣味性、实用性、连贯性的教学项目，形成中高职一体化全学程专业教学项目链，创新编写中高职一体化融合式纯项目化教材，破解中高职教学衔接不畅、课程割裂、理实脱节等难题。教材在项目任务选题上突出思政功能，引入中国传统文化元素、突出环保理念、借用大国重器等情境，树立学生文化自信、促进学生环保意识、激发学生专业担当、培植学生报国之志，有效达成价值塑造、知识传授、能力培养的有机融合。该系列教材包括：简单产品普通加工、中等复杂产品数控加工、复杂产品综合加工、多轴加工与数控设备装调、智能产品创新设计共五大模块的上下册共10套教材，每套教材都包括"做学教评同步"A、B教程。

A教程为基于项目实施过程的"做学教评"同步工作页，B教程为基于项目实施过程的"跨科目融合"同步学习页。教学团队联合企业专家，根据知识对岗位能力的贡献度，依据国家教学标准，将关键学习领域知识点进行了编码（机械设计制造类专业关键知识点编码表见附录）。不同领域的知识点学习页在B教程中用不同标识色块进行了区别，提取全套教材中同标识色块学习页，按知识点编码顺序装订成册将获得传统学科教材，有效兼顾了传统教学模式的教学用书。

本系列教材的A、B教程需同步使用，强调以学习者为中心，以工作过程为导向，以做定学，以学定教，以评促学。需要做什么，就学什么；需要学什么，就教什么；学了什么，就测评什么。同步检测做、学、教的效果，有效控制项目教学过程，确保项目教学效果。

本教材为《常用产品数控加工（下册）A教程》，作者原创"吊坠的绘图与制作""迷你小锤的绘图与制作""镂空魔方的绘图与制作""坚果夹的绘图与制作"四个项目。通过【任务描述】【知识目标】【技能目标】【任务准备】【任务实施】【任务评价】等"做学教评同步"任务工作页驱动，引导学生完成：测绘与制作吊坠、测绘与制作迷你小锤、绘制与制作镂空魔方、绘制与制作坚果夹等8个任务，掌握机械制图、零件测量与质量控制技术、CAD/CAM技术应用、数控车削加工技术与技能、数控铣削加工技术与技能等领域知识和技能的灵活应用。

本教材由禹诚、周姗、郑武臣著作，参与著作的还有张杨、冯敬老师和艾思远、贾永臻等企业技术技能大师。

特别感谢为教材编写提供帮助的企业专家和毕业生！由于教学团队的教学改革还在持续进行，教学项目还在不断优化，教材编写还存在很多不足，敬请各位专家、读者原谅，欢迎大家多提宝贵修改意见，谢谢！

作　者

2024年6月30日于武汉

目录

项目八　吊坠的绘图与制作

任务1　测绘吊坠

【任务描述】

测量圣诞树形状的吊坠实物(见图 8.1.1)的尺寸,并绘制其零件图及装配图。

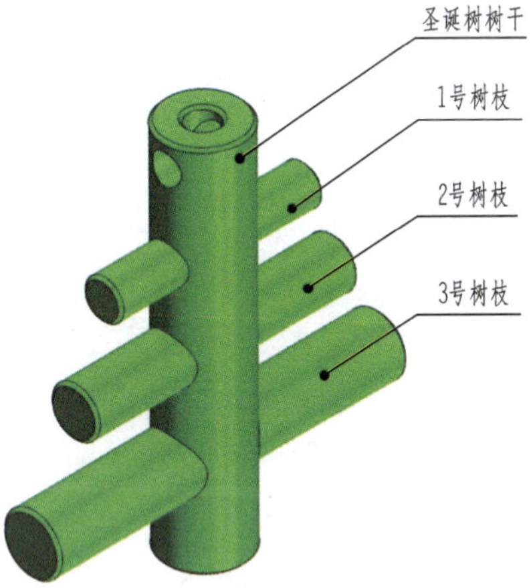

图 8.1.1　吊坠的三维模型图

【知识目标】

(1) 两圆柱正交的相贯线画法(A303.1);

(2) 剖视图(A402);

(3) 零件图的画法(A602);

(4) 零件图的视图选择(A603);

(5) 零件图的尺寸标注(A604);

(6) 零件图上的技术要求(A605)；
(7) 装配图的图样画法(A702)；
(8) 装配图的视图选择(A704)；
(9) 装配图的尺寸标注(A705)；
(10) 装配图的零部件序号、明细表和技术要求(A706)；
(11) 极限与配合(C1)。

【技能目标】

(1) 装配体的测绘；
(2) 相贯线的绘制；
(3) 零件图的绘制；
(4) 装配图的绘制；
(5) 配合公差的选择。

【任务准备】

游标卡尺、中望 3D 软件、中望 CAD 软件、打印机、A4 打印纸等。

【任务实施】

(1) 学习【链接知识 A303.1 两圆柱正交的相贯线画法】。
(2) 完成【专项训练 A303.1 两圆柱正交的相贯线画法】，如表 8.1.1 所示。

表 8.1.1　专项训练 A303.1 两圆柱正交的相贯线画法

序号	训练内容	备注
1	请补画下列三视图中的相贯线。 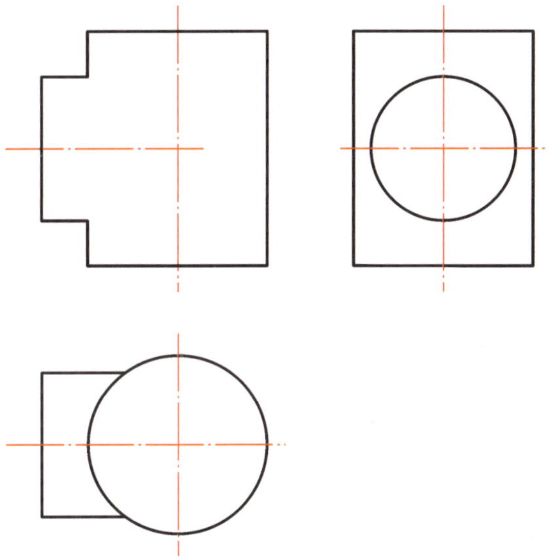	
2	请补画下列三视图中的相贯线。 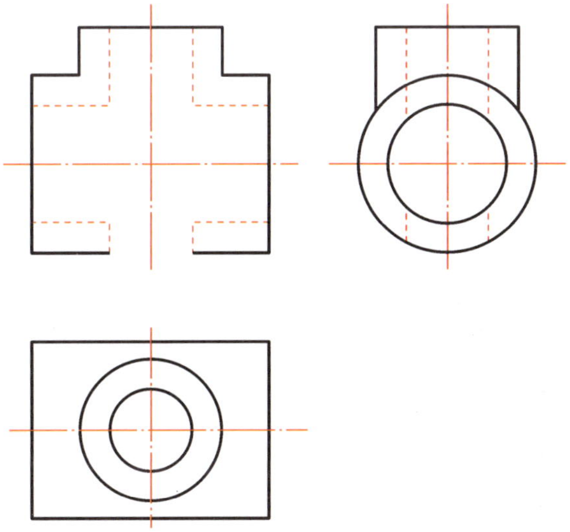	

续表

序号	训练内容	备注
3	请补画下列三视图中的相贯线。 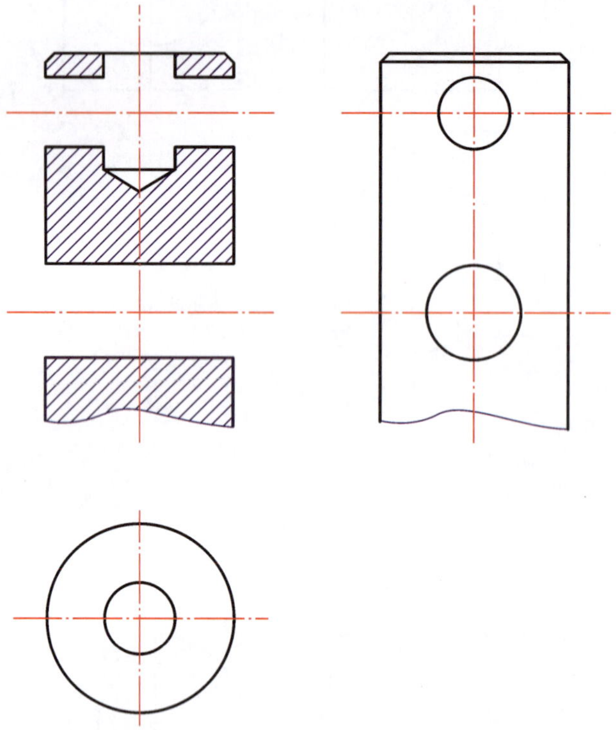	

(3) 完成【知识目标】相关知识点的复习。

(4) 完成【专项训练 测绘吊坠】,如表 8.1.2 所示。

表 8.1.2 专项训练 测绘吊坠

序号	训练内容	备注
1	测量吊坠每个组成零件的实物尺寸，在下面的图框中绘制其零件草图。 制图 校核 圣诞树树干 制图 校核 1号树枝	

续表

序号	训练内容	备注
1	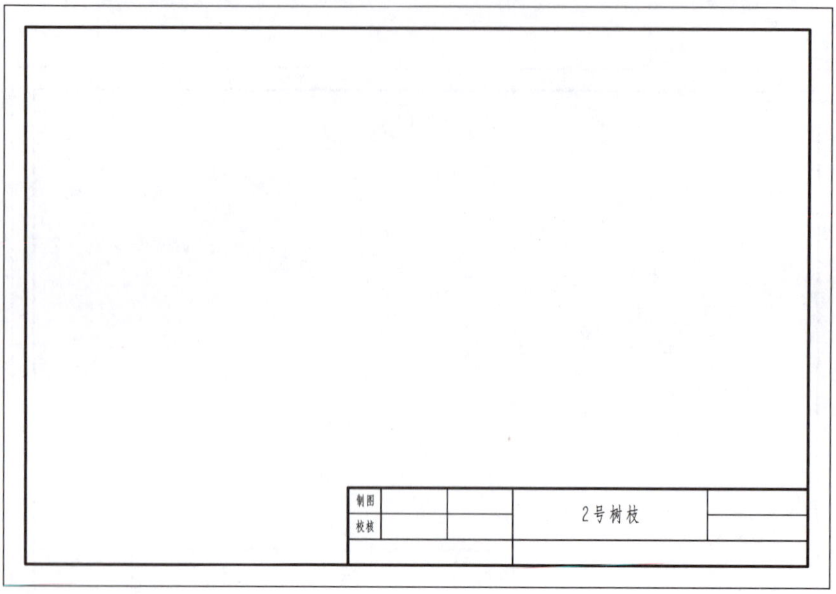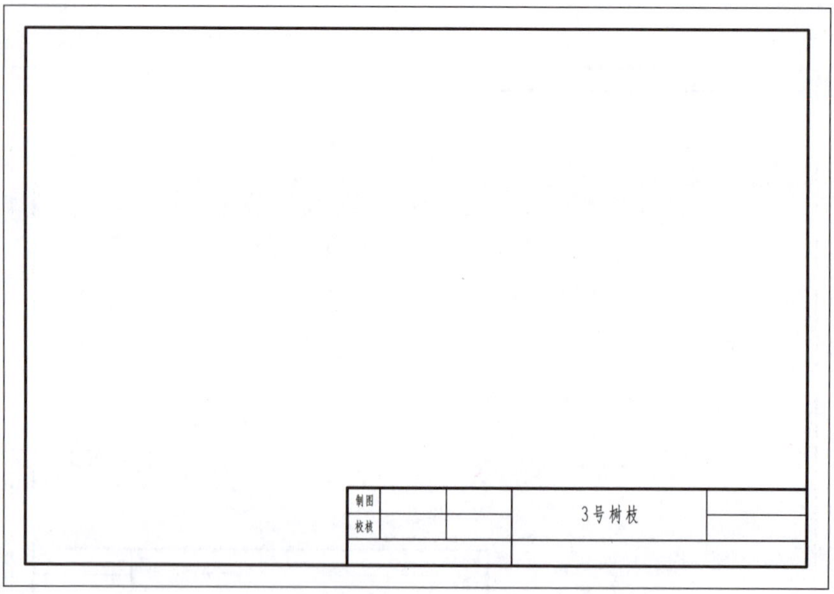	

续表

序号	训练内容	备注
2	在下面的图框中绘制吊坠的装配图草图。 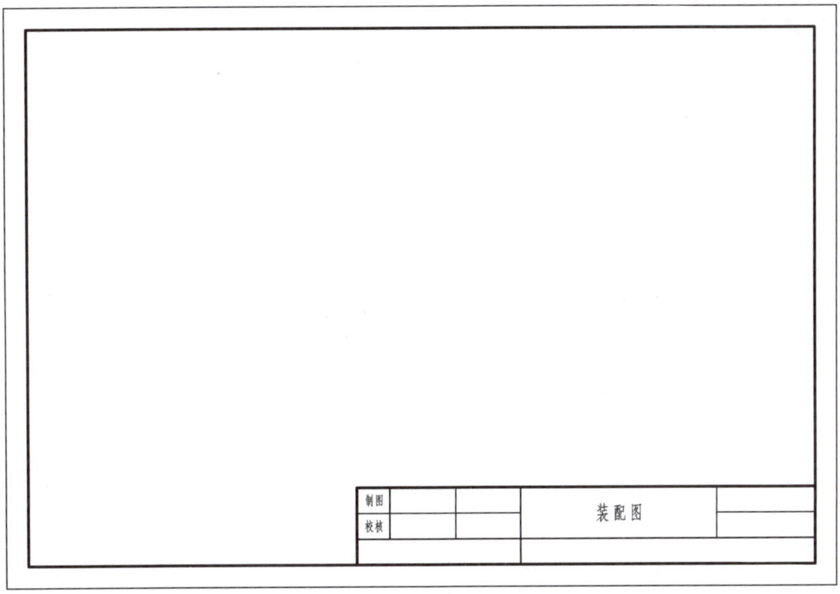 	
3	使用 CAD 软件绘制吊坠的零件图及装配图，并将图纸输出为 PDF 文档后进行打印留存，完成后在对应的□中打“√”。 绘制任务名称 操作结果记录 圣诞树树干的零件图 □已完成 1 号树枝的零件图 □已完成 2 号树枝的零件图 □已完成 3 号树枝的零件图 □已完成 吊坠的装配图 □已完成	

【任务评价】

完成【任务 1 测绘吊坠】后，请如实填写表 8.1.3 和表 8.1.4。

表 8.1.3 【测绘吊坠】任务评价表

评价项目	评价标准	评价等级		
相贯线的绘制	相贯线绘制正确	A□	B□	C□
全剖视图的绘制	全剖视图绘制正确	A□	B□	C□
零件图的视图选择	零件图的视图选择合理	A□	B□	C□
零件图的尺寸标注	零件图的尺寸标注美观合理，无漏标、重复标注	A□	B□	C□
零件图上的技术要求	零件图上的技术要求编写合理	A□	B□	C□
零件图的画法	图幅、比例选择合理，标题栏书写正确	A□	B□	C□
零件图的标题栏	标题栏填写完整合理	A□	B□	C□
装配图的画法和视图选择	装配图的画法正确、视图选择合理	A□	B□	C□
装配图的尺寸标注	装配图的尺寸标注正确	A□	B□	C□
装配图的标题栏、零部件序号、明细表和技术要求	装配图的标题栏、零部件序号、明细表的填写完整合理，技术要求编写合理	A□	B□	C□
配合公差的选择	配合公差的选择合理	A□	B□	C□
中望 3D 软件的使用	能熟练使用中望 3D 软件完成建模、装配和出工程图	A□	B□	C□
中望 CAD 软件的使用	能熟练使用中望 CAD 软件完成零件图、装配图的绘制	A□	B□	C□

表 8.1.4 【测绘吊坠】8S 评价表

序号	项目	自评	组长评价	教师评价
1	整理(SEIRI)	A□ B□ C□	A□ B□ C□	A□ B□ C□
2	整顿(SEITON)	A□ B□ C□	A□ B□ C□	A□ B□ C□
3	清扫(SEISO)	A□ B□ C□	A□ B□ C□	A□ B□ C□
4	清洁(SEIKETSU)	A□ B□ C□	A□ B□ C□	A□ B□ C□
5	素养(SHITSUKE)	A□ B□ C□	A□ B□ C□	A□ B□ C□
6	安全(SAFETY)	A□ B□ C□	A□ B□ C□	A□ B□ C□
7	节约(SAVE)	A□ B□ C□	A□ B□ C□	A□ B□ C□
8	学习(STUDY)	A□ B□ C□	A□ B□ C□	A□ B□ C□

注：评价等级中的“A”对应“好”、“B”对应“一般”、“C”对应“差”。

学生：____________ 组长：____________ 教师：____________

任务 2　制作吊坠

【任务描述】

根据上一任务所画的图纸(参考图 8.2.1),完成吊坠的制作。

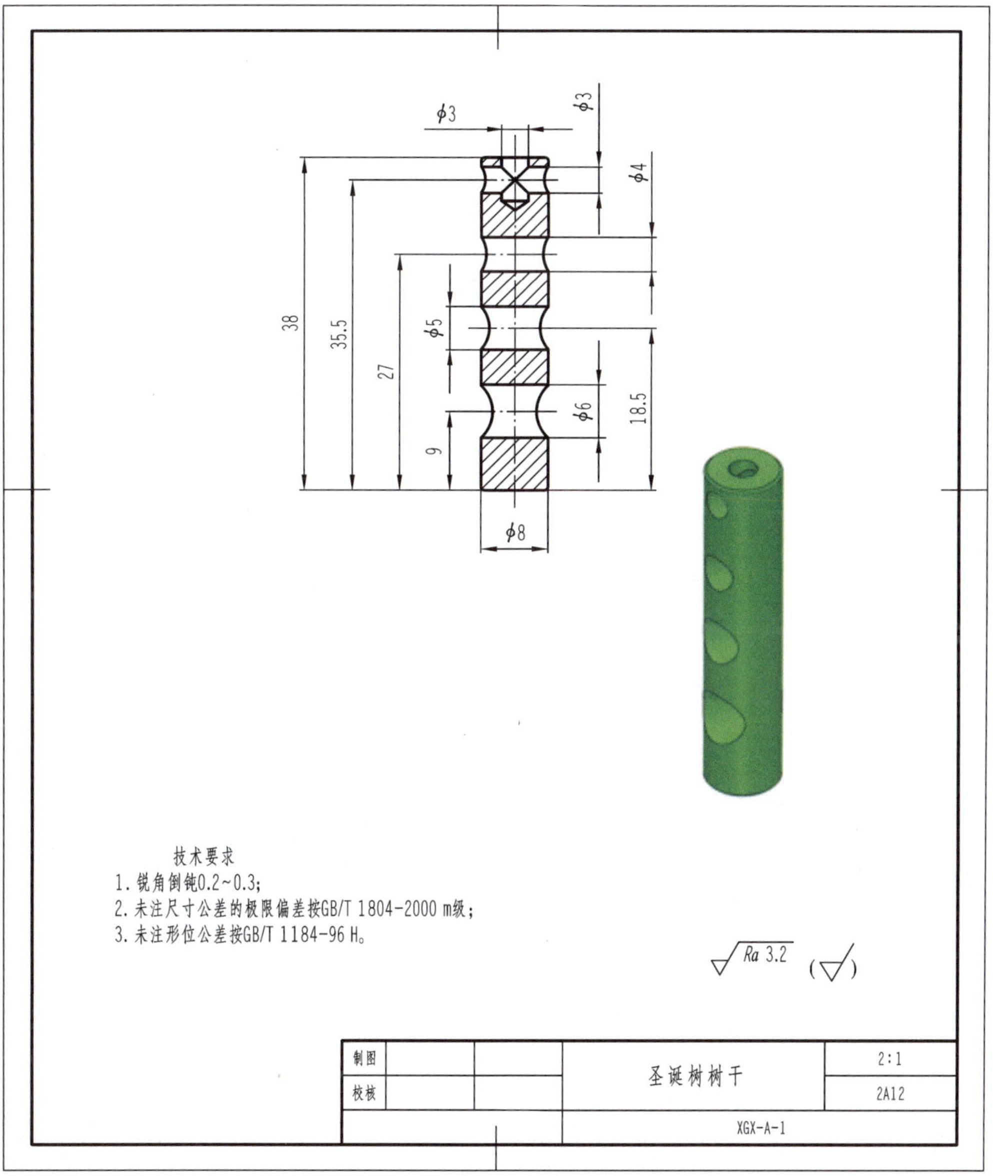

图 8.2.1　吊坠的零件图

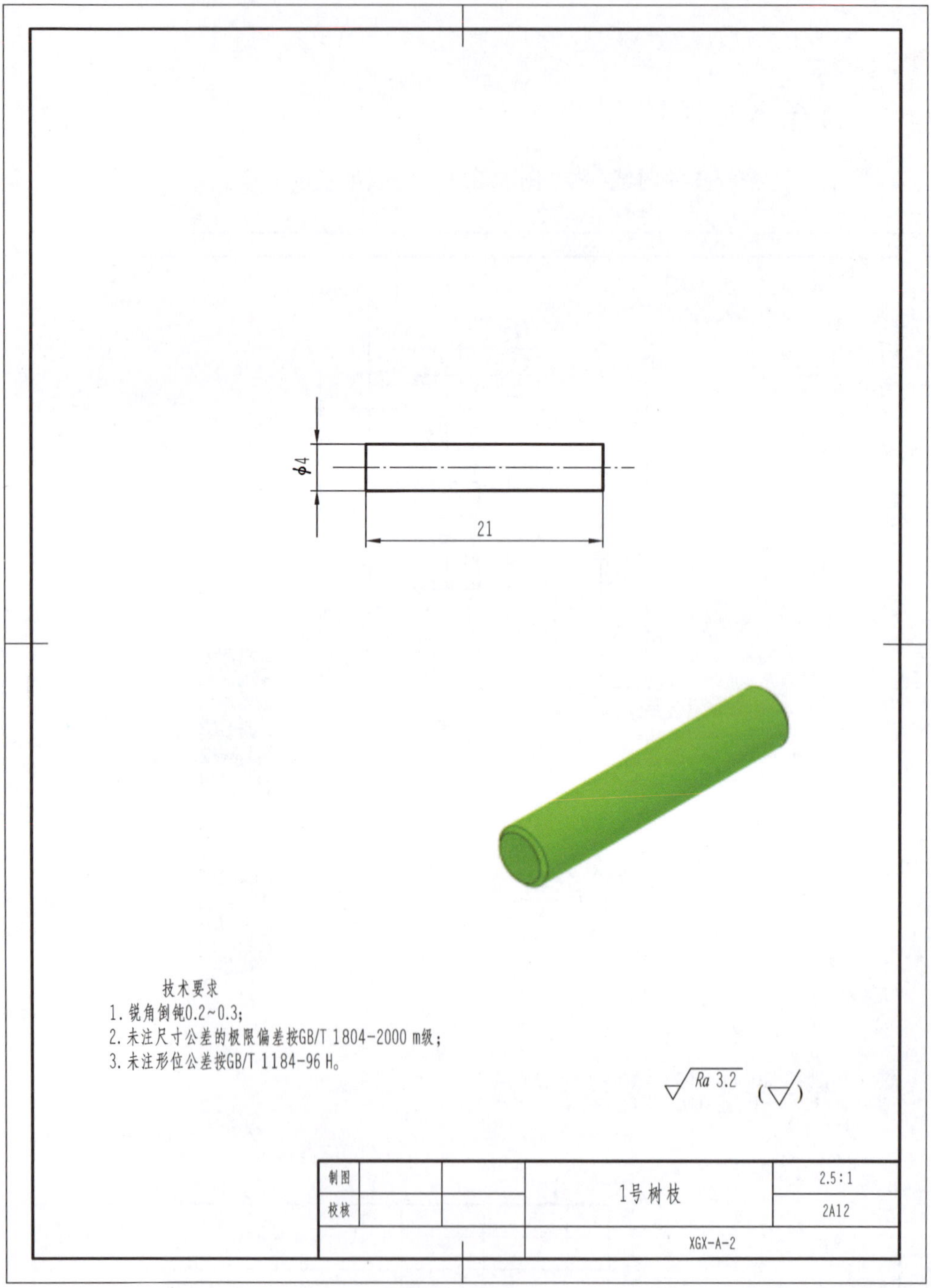

φ4
21
技术要求
1. 锐角倒钝0.2~0.3;
2. 未注尺寸公差的极限偏差按GB/T 1804-2000 m级;
3. 未注形位公差按GB/T 1184-96 H。
Ra 3.2
制图
校核
1号树枝
2.5:1
2A12
XGX-A-2

续图 8.2.1

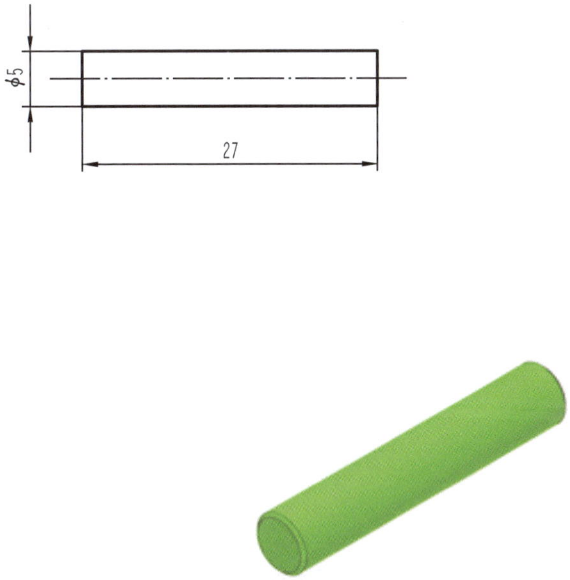

技术要求
1. 锐角倒钝0.2~0.3；
2. 未注尺寸公差的极限偏差按GB/T 1804-2000 m级；
3. 未注形位公差按GB/T 1184-96 H。

$\sqrt{Ra\ 3.2}$ ($\sqrt{}$)

制图			2 号树枝	2.5:1
校核				2A12
			XGX-A-3	

续图 8.2.1

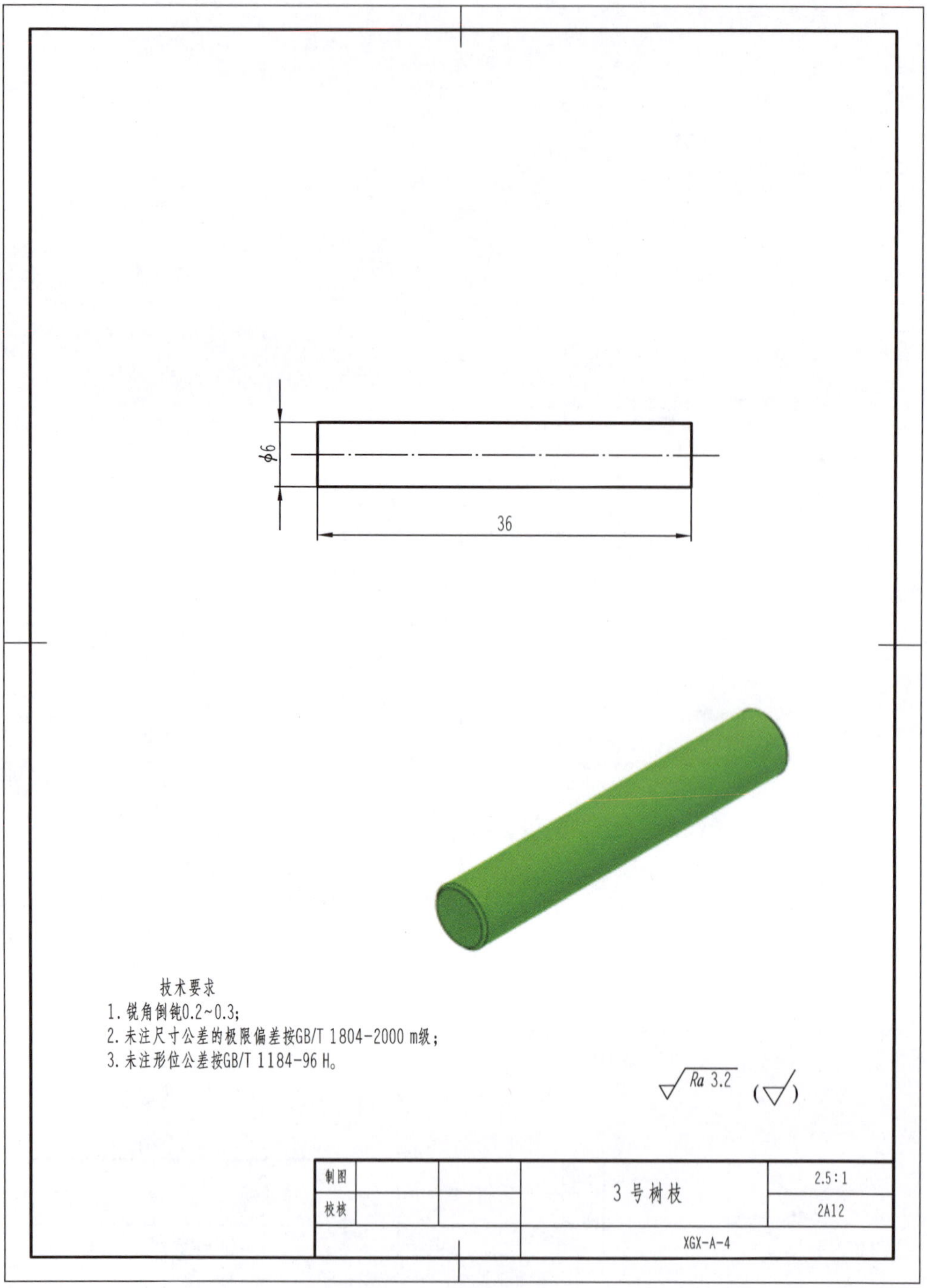

φ6
36
技术要求
1. 锐角倒钝0.2~0.3;
2. 未注尺寸公差的极限偏差按GB/T 1804-2000 m级;
3. 未注形位公差按GB/T 1184-96 H。
Ra 3.2
制图
校核
3 号树枝
2.5:1
2A12
XGX-A-4

续图 8.2.1

【知识目标】

(1) 数控车床操作规程(I101)；
(2) 数控车床认识(I102)；
(3) 数控车床的控制面板认识(I103)；
(4) 数控车床的手动操作(I104)；
(5) 数控车床对刀和坐标系的设置(I105)；
(6) 数控程序结构(I301)；
(7) 辅助功能 M 指令(I302)；
(8) 主轴功能 S、进给功能 F 和刀具功能 T(I303)；
(9) 准备功能 G 代码(I304)；
(10) 快速定位指令 G00(I601)；
(11) 直线插补指令 G01(I602)。

【技能目标】

(1) 数控车床的操作；
(2) 加工程序的编写；
(3) 光轴的车削。

【任务准备】

数控车床、钢直尺、外圆车刀、切槽刀、游标卡尺等。

【任务实施】

(1) 学习【链接知识 I101 数控车床操作规程】。
(2) 完成【专项训练 I101 数控车床操作规程】，如表 8.2.1 所示。

表 8.2.1 专项训练 I101 数控车床操作规程

序号	训练内容	备注
1	请在横线上填写合适的内容。 我承诺，每次进行数控车床加工实训时，一定会做到的事情： (1) ______________________； (2) ______________________； (3) ______________________； (4) ______________________； (5) ______________________。 承诺人签名：__________	
2	请在横线上写出进行数控车床加工实训时严禁出现的行为： (1) ______________________； (2) ______________________； (3) ______________________； (4) ______________________； (5) ______________________。	
3	请在横线上写出你身边实训时着装规范的同学。 着装规范的同学有：__________、__________、__________、__________、__________、__________、__________等。	

(3) 学习【链接知识 I102 数控车床认识】。

(4) 完成【专项训练 I102 数控车床认识】，如表 8.2.2 所示。

表 8.2.2 专项训练 I102 数控车床认识

序号	训练内容	备注
1	选择题： (1) 机床型号“CKA6132”中“C”的含义是(　　)。 A. 车床　B. 铣床　C. 钻床　D. 刨床 (2) 机床型号“CKA6132”中“32”的含义是(　　)。 A. 第 32 代机床　B. 最大加工件回转直径 320 mm C. 机床重量　D. 最大加工件回转直径 32 mm	

续表

序号	训练内容	备注
2	请根据提示词，在方框中填写数控车床各部分的名称。 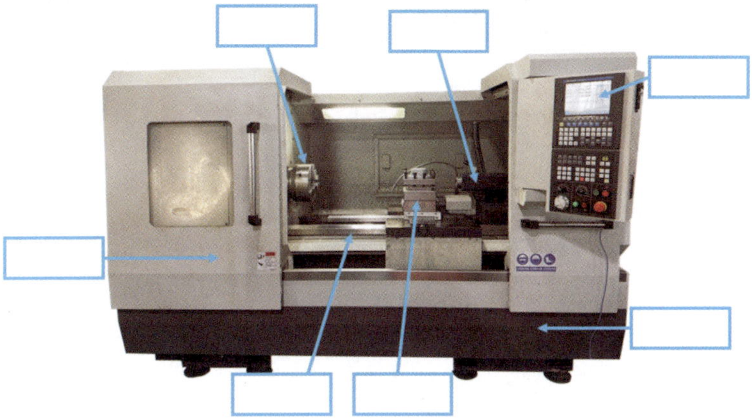 提示词：数控装置、导轨、卡盘、刀塔、尾座、防护门、床身	

(5) 学习【链接知识 I103 数控车床的控制面板认识】。

(6) 完成【专项训练 I103 数控车床的控制面板认识】，如表 8.2.3 所示。

表 8.2.3　专项训练 I103 数控车床的控制面板认识

序号	训练内容	备注
1	请根据功能描述，在横线上填写正确的图标字母。 (1) 选择自动工作方式________。 (2) 选择手动工作方式________。 (3) 选择增量工作方式________。 (4) 选择 MDI 工作方式________。 (5) 逐段运行或连续运行程序的切换________。 (6) 程序段首标有“/”符号时，该程序段是否跳过的切换________。 (7) 紧急情况下，使系统和机床立即进入停止状态，所有输出全部关闭________。 (8) 主轴正转、反转、停止运行控制________。 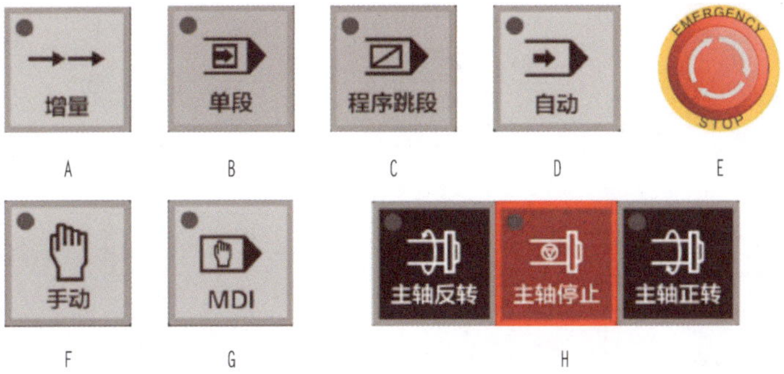	

(7) 学习【链接知识 I104 数控车床的手动操作】。

(8) 完成【专项训练 I104 数控车床的手动操作】，如表 8.2.4 所示。

表 8.2.4　专项训练 I104 数控车床的手动操作

序号	训练内容	备注
1	请用手摇脉冲发生器(手摇)完成以下设定条件下的操作，完成后在对应的□中打“✓”。 X 轴正向移动 1 mm，手脉倍率为×1　□已完成 X 轴正向移动 5 mm，手脉倍率为×10　□已完成 X 轴负向移动 10 mm，手脉倍率为×100　□已完成 Z 轴负向移动 1 mm，手脉倍率为×1　□已完成 Z 轴负向移动 5 mm，手脉倍率为×10　□已完成 Z 轴负向移动 10 mm，手脉倍率为×100　□已完成	
2	请以小组为单位完成以下实训任务。 对数控车床进行一次回参考点操作。　□已完成 将数控车床工作模式切换到手动状态，并读出当前机床坐标系的 X 坐标值________和 Z 坐标值________。 将数控车床 Z 轴和 X 轴移动到机床导轨中间任意安全处停下，并读出当前机床坐标系的 X 坐标值________和 Z 坐标值________。 将数控车床 Z 轴向卡盘方向移动 50 mm，并读出当前机床坐标系的 Z 坐标值________。 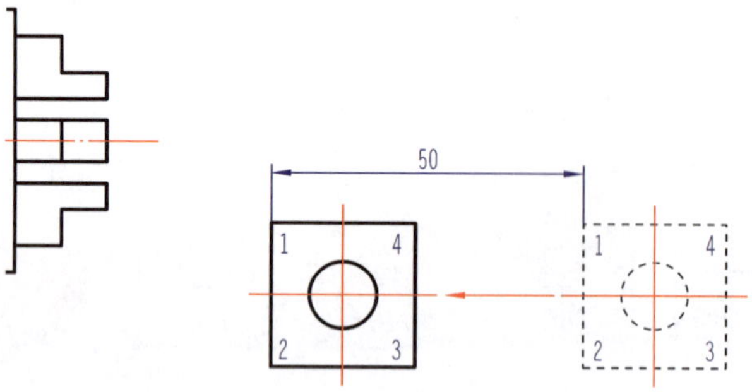 将数控车床 X 轴向主轴中心线方向移动 30 mm，并读出当前机床坐标系的 X 坐标值________。	

续表

序号	训练内容	备注
2	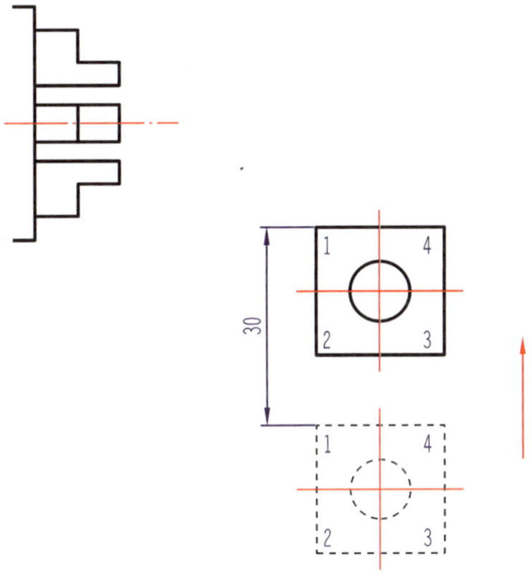	
3	请根据以下功能要求手动完成数控车床操作，并填写操作要点。 (1) 主轴正转，操作要点为____________； (2) 主轴停止，操作要点为____________； (3) 主轴反转，操作要点为____________； (4) 主轴停止，操作要点为____________； (5) 冷却液开，操作要点为____________； (6) 冷却液关，操作要点为____________； (7) 调用 3 号刀具，操作要点为____________； (8) 调用 1 号刀具，操作要点为____________； (9) 调用 4 号刀具，操作要点为____________； (10) 调用 2 号刀具，操作要点为____________。	

(9) 学习【链接知识 I105 数控车床对刀和坐标系的设置】。

(10) 完成【专项训练 I105 数控车床对刀和坐标系的设置】，如表 8.2.5 所示。

表 8.2.5　专项训练 I105 数控车床对刀和坐标系的设置

序号	训练内容	备注
1	请以小组为单位完成以下实训任务，完成后在对应的□中打“√”。 (1) 如果卡盘上没有毛坯，请实训学生按图安装尼龙棒毛坯。 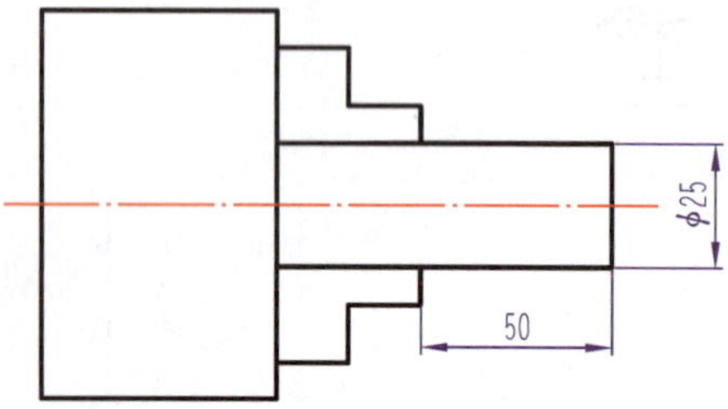 □已安装 (2) 如果没有安装刀具，请实训学生按图将外圆车刀装在 1 号刀位上，将切断刀装在 2 号刀位上，并注意刀尖高度与主轴回转中心等高。 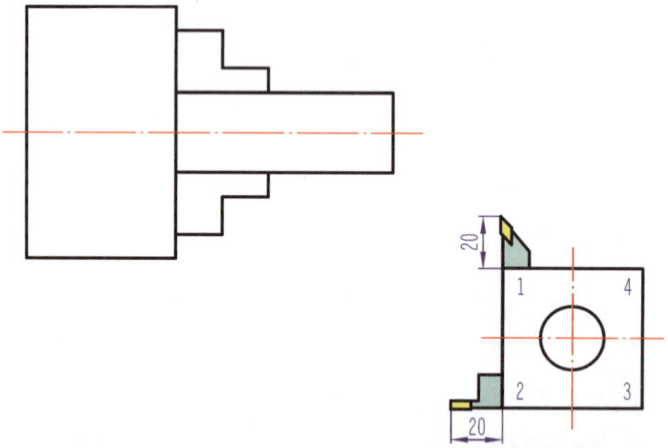 □已安装 (3) 请实训学生在保证安全的情况下，将外圆刀转换到当前刀位上，启动主轴，移动外圆刀到适当位置，调整合适径向吃刀量，准备外圆试切。 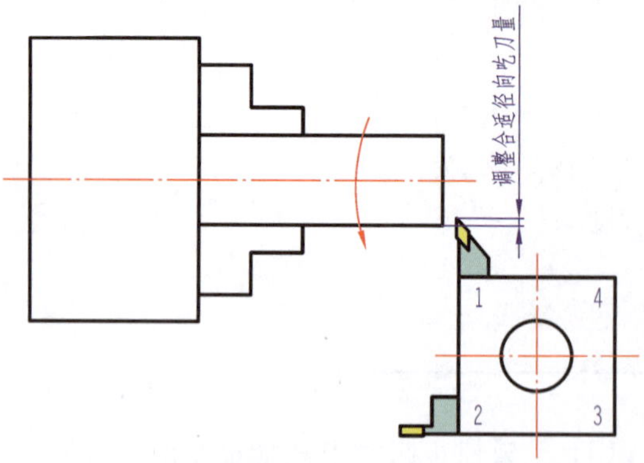 □已完成	

续表

序号	训练内容	备注
1	(4) 请实训学生手动车尼龙棒外圆长约 10 mm。 保持 X 轴位置不变，主轴不停，并将刀具退出工件表面，再让主轴停止，测量已车削尼龙棒外圆直径，并读出当前机床坐标系的 X 坐标值。将测量值输入到刀偏表的＃0001 号试切直径项，并确认。 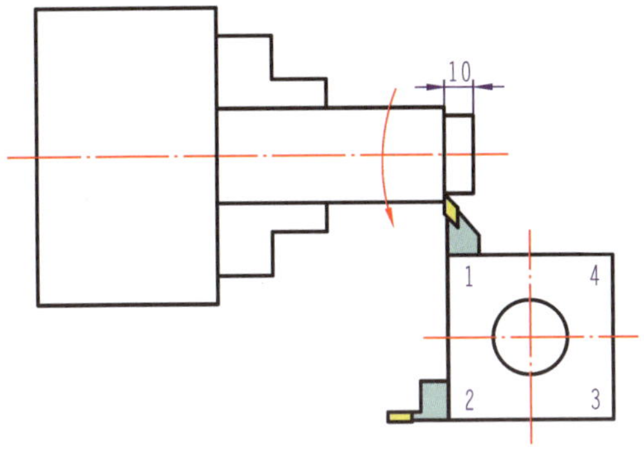 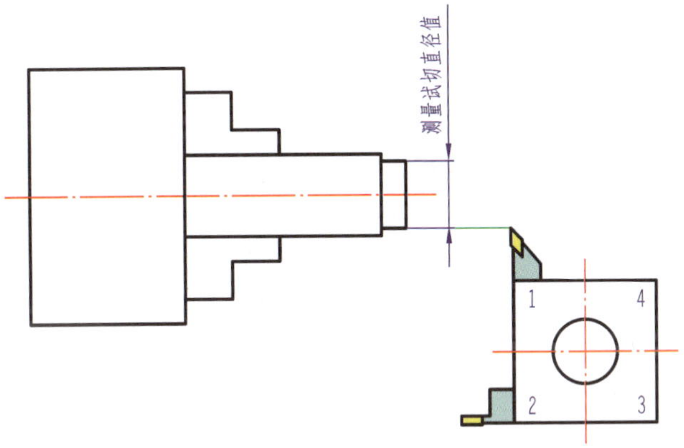 	刀具退出工件表面时，X 轴是否有移动？ □是 □否 直径测量次数是多少？ □1 □2 □多次 直径值 X 为 __________
	(5) 请实训学生在保证安全的情况下，启动主轴，移动外圆刀到适当位置，调整合适轴向吃刀量，准备端面试切。 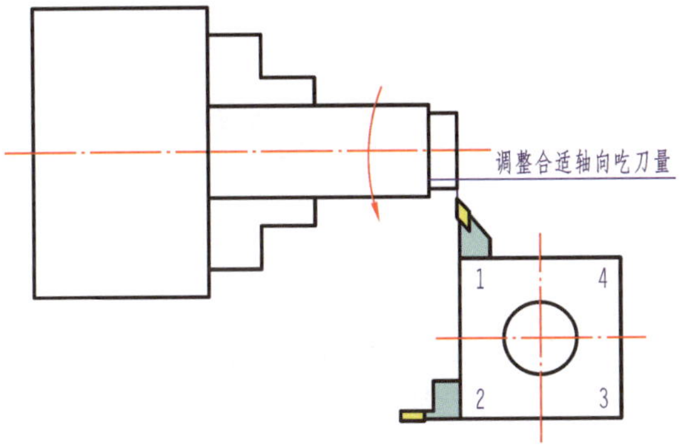 	□已完成

续表

序号	训练内容	备注
1	(6) 请实训学生车削尼龙棒端面。 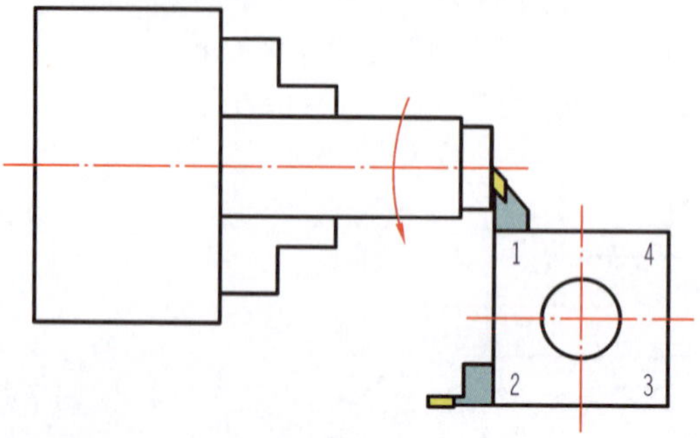 保持 Z 轴位置不变，主轴不停，并将刀具退出工件端面，再让主轴停止，并读出当前机床坐标系的 Z 坐标值。在刀偏表的 # 0001 号试切长度项中输入 0，并确认。	刀具退出工件端面时，Z 轴是否有移动？ □是 □否

(11) 学习【链接知识 I301 数控程序结构】。

(12) 完成【链接知识 I301 数控程序结构】，如表 8.2.6 所示。

表 8.2.6　专项训练 I301 数控程序结构

序号	训练内容	备注
1	请根据给定程序，写出正确答案，并将该程序输入数控车床后进行校验。 %3101 N1 T0101 G90 G94 N2 M03 S600 N3 G00 X20 Z2 M07 N4 G01 Z-17 F100 N5 G02 X26 Z-20 R3 N6 G01 X30 N7 X38 Z-30 N8 G00 X100 M09 N9 Z50 N10 M05 N11 M30	

续表

序号	训练内容	备注
1	(1) 该程序的程序号是? ____________________ (2) 该程序包含几个程序段? ____________________ (3) 程序段“N1 T0101 G90 G94”中含有几个指令字? ____________________ (4) 指令字“T0101”中的字母“T”是什么功能字? ____________________ (5) 程序段“N5 G02 X26 Z-20 R3”中有几个尺寸字? ____________________ (6) 该程序的结束符是? ____________________	

(13) 学习【链接知识 I302 辅助功能 M 指令】。

(14) 完成【链接知识 I302 辅助功能 M 指令】,如表 8.2.7 所示。

表 8.2.7 专项训练 I302 辅助功能 M 指令

序号	训练内容	备注
1	填写出相对应的 M 代码,并判断其模态方式。 功能说明 代码 模态/非模态 主轴正转起动 ________ ________ 主轴反转起动 ________ ________ 主轴停止转动 ________ ________ 切削液打开 ________ ________ 切削液停止 ________ ________ 程序结束 ________ ________ 程序结束并返回程序起点 ________ ________	

(15) 学习【链接知识 I303 主轴功能 S、进给功能 F 和刀具功能 T】。

(16) 完成【链接知识 I303 主轴功能 S、进给功能 F 和刀具功能 T】,如表 8.2.8 所示。

表 8.2.8 专项训练 I303 主轴功能 S、进给功能 F 和刀具功能 T

序号	训练内容	备注
1	请参考提示词，在横线上填写正确答案。 （1）________用于选刀，其后的________数字分别表示选择的刀具号和________。 （2）主轴功能 S 控制主轴的________，其后的数值表示主轴速度，单位为________。 （3）F 指令表示工件被加工时刀具相对于工件的合成进给速度，F 的单位用两种分别是：________、________。 提示词：T 代码、4 位、刀具补偿号、转/每分钟、毫米/分钟、转速、毫米/转	

（17）学习【链接知识 I304 准备功能 G 代码】。

（18）完成【链接知识 I304 准备功能 G 代码】，如表 8.2.9 所示。

表 8.2.9 准备功能 G 代码

序号	训练内容	备注
1	填写出相对应的 G 代码，并判断其模态方式。 功能说明　代码　模态/非模态 快速定位　________　________ 直线插补　________　________ 英寸输入　________　________ 毫米输入　________　________ 顺圆插补　________　________ 逆圆插补　________　________ 绝对值编程　________　________ 增量值编程　________　________ 工件坐标系设定　________　________ 每分钟进给　________　________ 每转进给　________　________ ※刀尖半径补偿取消　________　________ 左刀补　________　________ 右刀补　________　________	

（19）学习【链接知识 I601 快速定位指令 G00】。

（20）完成【专项训练 I601 快速定位指令 G00】，如表 8.2.10 所示。

表 8.2.10 专项训练 I601 快速定位指令 G00

序号	训练内容	备注
1	根据图示,在可以使用 G00 代码的刀具轨迹对应位置处打"√"。 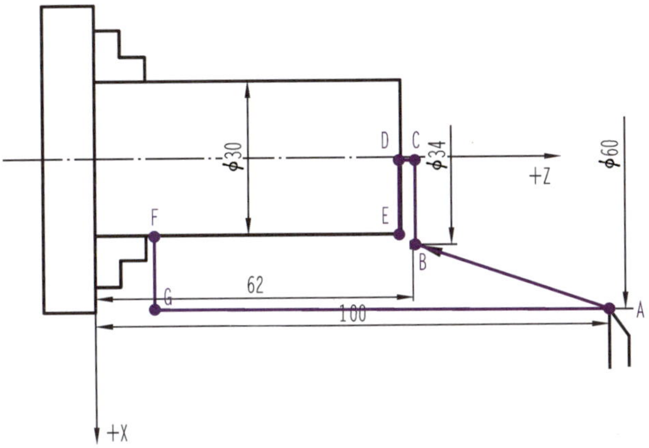 路径　是否可以使用 G00 代码 A→B　__________ B→C　__________ C→D　__________ D→E　__________ E→F　__________ F→G　__________ G→A　__________	

(21) 学习【链接知识 I602 直线插补指令 G01】。

(22) 完成【专项训练 I602 直线插补指令 G01】,如表 8.2.11 所示。

表 8.2.11 专项训练 I602 直线插补指令 G01

序号	训练内容	备注
1	请填写 A→B→C→A 刀具轨迹的快速定位及直线插补程序内容。 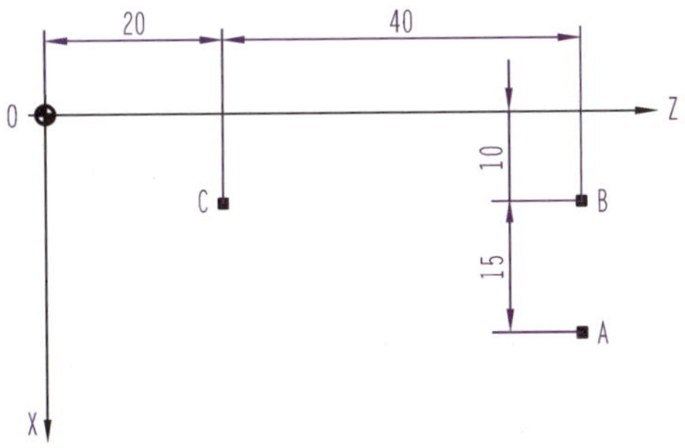 	

续表

序号	训练内容	备注
1	节点 X坐标（半径方式） X坐标（直径方式） Z坐标 A ________ ________ ________ B ________ ________ ________ C ________ ________ ________ 刀具轨迹 快速定位程序段（直径编程） 直线插补程序段（直径编程） 从A点到B点 ________ ________ 从B点到C点 ________ ________ 从C点到A点 ________ ________	
2	请填写如下图所示的刀具轨迹程序（其中，Q→A段和L→Q段为快速定位）。 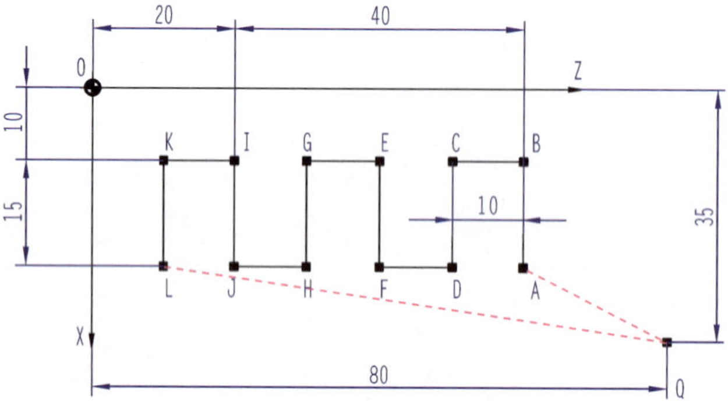 程序段 刀具轨迹 ________ Q→A ________ A→B ________ B→C ________ C→D ________ D→E ________ E→F ________ F→G ________ G→H ________ H→I ________ I→J ________ J→K ________ K→L ________ L→Q	

（23）完成吊坠加工准备清单，如表 8.2.12 所示。

表 8.2.12　吊坠加工准备清单

零件名称	机床型号	刀具	毛坯材料	毛坯尺寸
吊坠				

（24）编制数控程序，填入表 8.2.13。

表 8.2.13　数控程序

圣诞树树干	1 号树枝	2 号树枝	3 号树枝

（25）使用数控车床加工出吊坠零件，如图 8.2.2 所示。

（26）在圣诞树树干上需钻孔的位置处划线，如图 8.2.3 所示。

（27）使用锉刀及钳台锉削出平面，如图 8.2.4 所示。

（28）使用样冲打点，如图 8.2.5 所示。

（29）使用钻床钻孔，如图 8.2.6 所示。

（30）完成吊坠装配，如图 8.2.7 所示。

图 8.2.2　吊坠零件模型

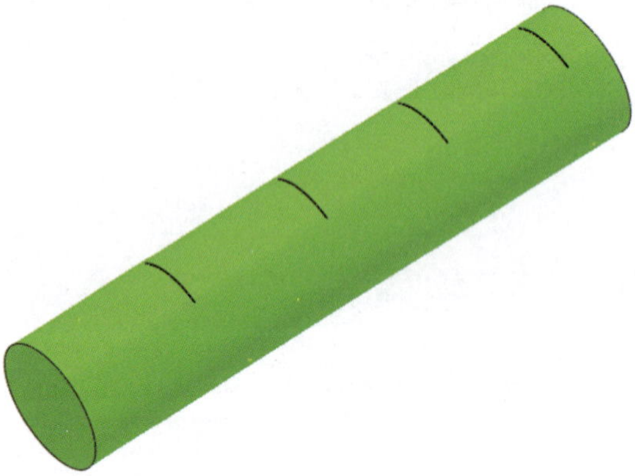

图 8.2.3　划线示意图

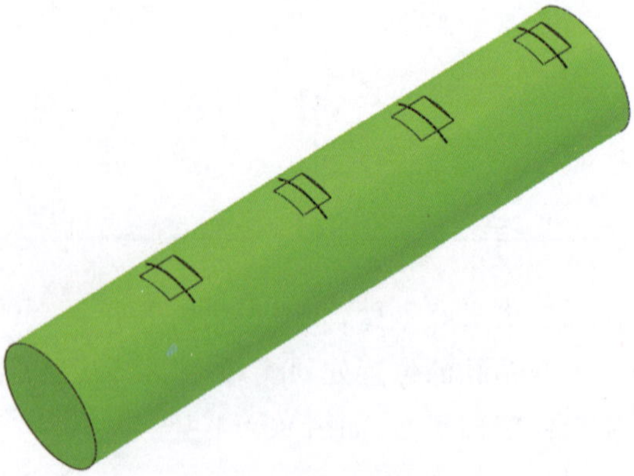

图 8.2.4　锉削平面示意图

图 8.2.5　打点示意图

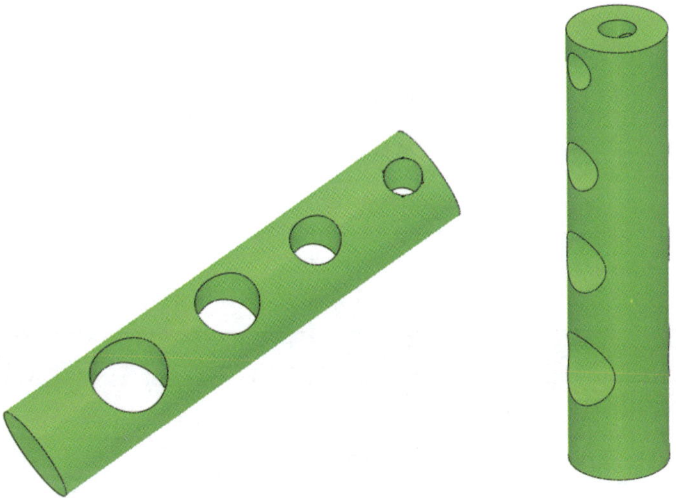

图 8.2.6　钻孔示意图

图 8.2.7　吊坠装配示意图

【任务评价】

完成【任务 2 制作吊坠】后,请如实填写表 8.2.14 和表 8.2.15。

表 8.2.14 【制作吊坠】任务评价表

评价项目	评价标准	评价等级		
着装	规范	A□	B□	C□
手动操作	规范完成	A□	B□	C□
毛坯装夹	准确稳固	A□	B□	C□
刀具装夹	准确稳固	A□	B□	C□
机床操作	安全规范	A□	B□	C□
工具	使用规范、摆放整齐	A□	B□	C□
量具	使用规范、摆放整齐	A□	B□	C□
加工方法	正确规范	A□	B□	C□

表 8.2.15 【制作吊坠】8S 评价表

序号	项　目	自　评	组长评价	教师评价
1	整理(SEIRI)	A□ B□ C□	A□ B□ C□	A□ B□ C□
2	整顿(SEITON)	A□ B□ C□	A□ B□ C□	A□ B□ C□
3	清扫(SEISO)	A□ B□ C□	A□ B□ C□	A□ B□ C□
4	清洁(SEIKETSU)	A□ B□ C□	A□ B□ C□	A□ B□ C□
5	素养(SHITSUKE)	A□ B□ C□	A□ B□ C□	A□ B□ C□
6	安全(SAFETY)	A□ B□ C□	A□ B□ C□	A□ B□ C□
7	节约(SAVE)	A□ B□ C□	A□ B□ C□	A□ B□ C□
8	学习(STUDY)	A□ B□ C□	A□ B□ C□	A□ B□ C□

注:评价等级中的“A”对应“好”、“B”对应“一般”、“C”对应“差”。

学生:______________ 组长:______________ 教师:______________

项目九　迷你小锤的绘图与制作

任务1　测绘迷你小锤

【任务描述】

测量迷你小锤实物(参考图 9.1.1)的尺寸,并绘制其视图。

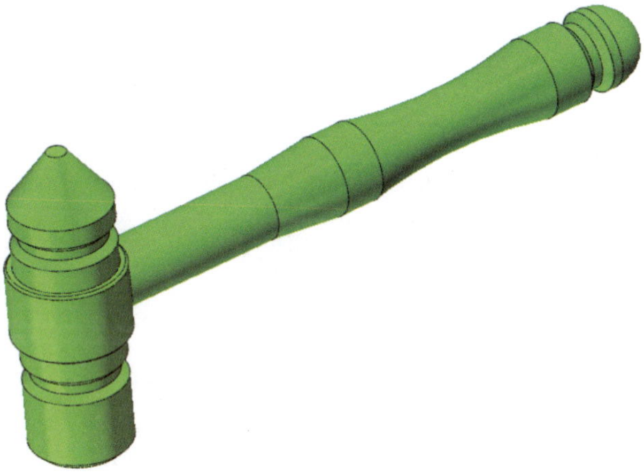

图 9.1.1　迷你小锤的三维模型图

【知识目标】

(1) 螺纹紧固件及其连接画法(A502);

(2) 两圆柱正交的相贯线画法(A303.1);

(3) 剖视图(A402);

(4) 零件图的画法(A602);

(5) 零件图的视图选择(A603)；
(6) 零件图的工艺结构(A604)；
(7) 零件图上的技术要求(A605)；
(8) 装配图的图样画法(A702)；
(9) 装配图的视图表达方法(A703)；
(10) 装配图的尺寸标注(A705)；
(11) 装配图的零部件序号、明细表和技术要求(A706)；
(12) 极限与配合(C1)。

【技能目标】

(1) 装配体的测绘；
(2) 螺纹的绘制；
(3) 零件图的绘制；
(4) 装配图的绘制；
(5) 配合公差的选择。

【任务准备】

游标卡尺、中望 3D 软件、中望 CAD 软件、打印机、A4 打印纸等。

【任务实施】

(1) 完成【知识目标】相关知识点的复习。
(2) 完成【专项训练 测绘迷你小锤】，如表 9.1.1 所示。

表 9.1.1　专项训练　测绘迷你小锤

序号	训练内容	备注
1	测量迷你小锤实物的尺寸，并在下图括号中填写尺寸。 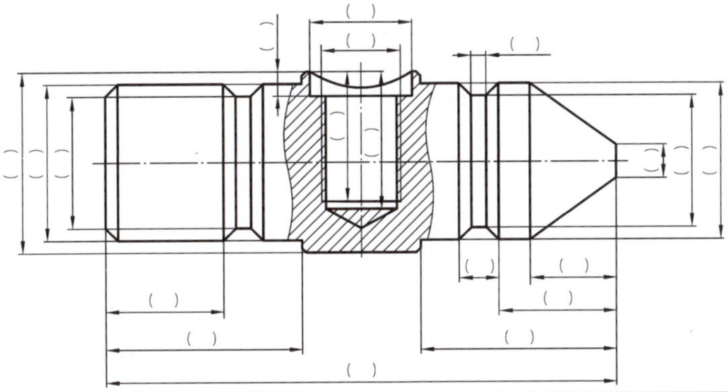	
2	测量迷你小锤实物的尺寸，并在下图括号中填写尺寸。 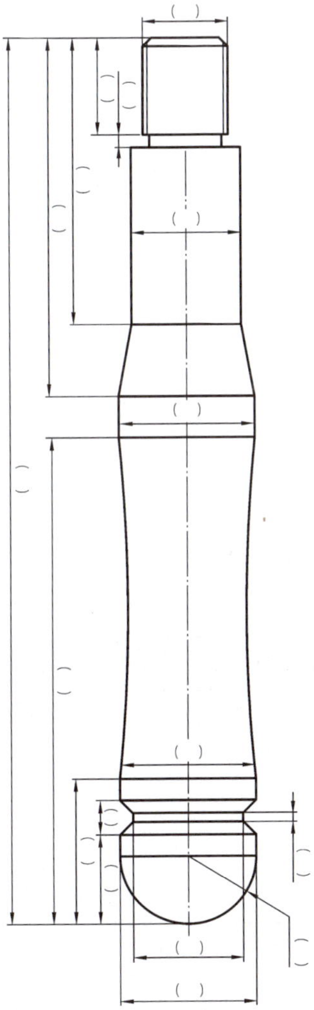	

续表

序号	训练内容	备注
3	请结合迷你小锤的各部分外形及尺寸，补全下图中锤头与锤柄装配部分的漏线。 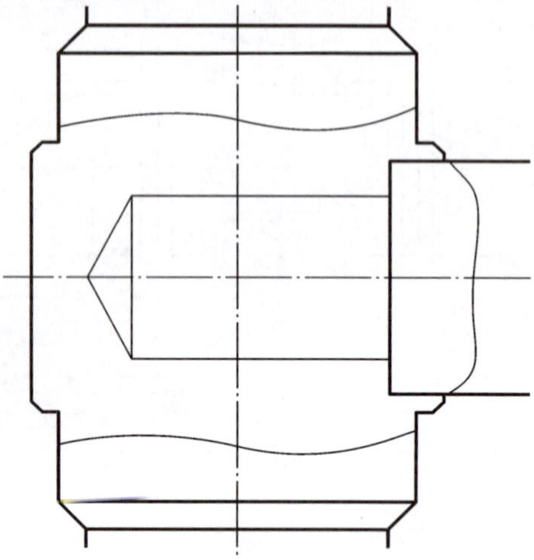	
4	使用 CAD 软件绘制迷你小锤的零件图及装配图，并将图纸输出为 PDF 文档，进行打印留存，完成后在对应的□中打“√”。 绘制任务名称　操作结果记录 锤头的零件图　□已完成 锤柄的零件图　□已完成 迷你小锤的装配图　□已完成	

【任务评价】

完成【任务 1 测绘迷你小锤】后，请如实填写表 9.1.2 和表 9.1.3。

表 9.1.2 【测绘迷你小锤】任务评价表

评价项目	评价标准	评价等级		
零件图的视图选择	零件图的视图选择合理	A□	B□	C□
零件图的尺寸标注	零件图的尺寸标注美观合理，无漏标、重复标注	A□	B□	C□
零件图上的技术要求	零件图上的技术要求编写合理	A□	B□	C□
零件图的画法	图幅、比例选择合理，标题栏书写正确	A□	B□	C□

续表

评价项目	评价标准	评价等级		
锤头与锤柄装配处缺漏线补画	装配图中的螺纹缺漏线补画正确完整	A□	B□	C□
中望 3D 软件的使用	能熟练使用中望 3D 软件完成建模、装配和出工程图	A□	B□	C□
中望 CAD 软件的使用	能熟练使用中望 CAD 软件完成零件图、装配图的绘制	A□	B□	C□
打印机的使用	能正确使用打印机打印图纸	A□	B□	C□

表 9.1.3 【测绘迷你小锤】8S 评价表

序号	项目	自评	组长评价	教师评价
1	整理(SEIRI)	A□ B□ C□	A□ B□ C□	A□ B□ C□
2	整顿(SEITON)	A□ B□ C□	A□ B□ C□	A□ B□ C□
3	清扫(SEISO)	A□ B□ C□	A□ B□ C□	A□ B□ C□
4	清洁(SEIKETSU)	A□ B□ C□	A□ B□ C□	A□ B□ C□
5	素养(SHITSUKE)	A□ B□ C□	A□ B□ C□	A□ B□ C□
6	安全(SAFETY)	A□ B□ C□	A□ B□ C□	A□ B□ C□
7	节约(SAVE)	A□ B□ C□	A□ B□ C□	A□ B□ C□
8	学习(STUDY)	A□ B□ C□	A□ B□ C□	A□ B□ C□

注：评价等级中的“A”对应“好”、“B”对应“一般”、“C”对应“差”。

学生：__________ 组长：__________ 教师：__________

任务2　制作迷你小锤

【任务描述】

根据图 9.2.1 所示的图纸，完成迷你小锤的制作。

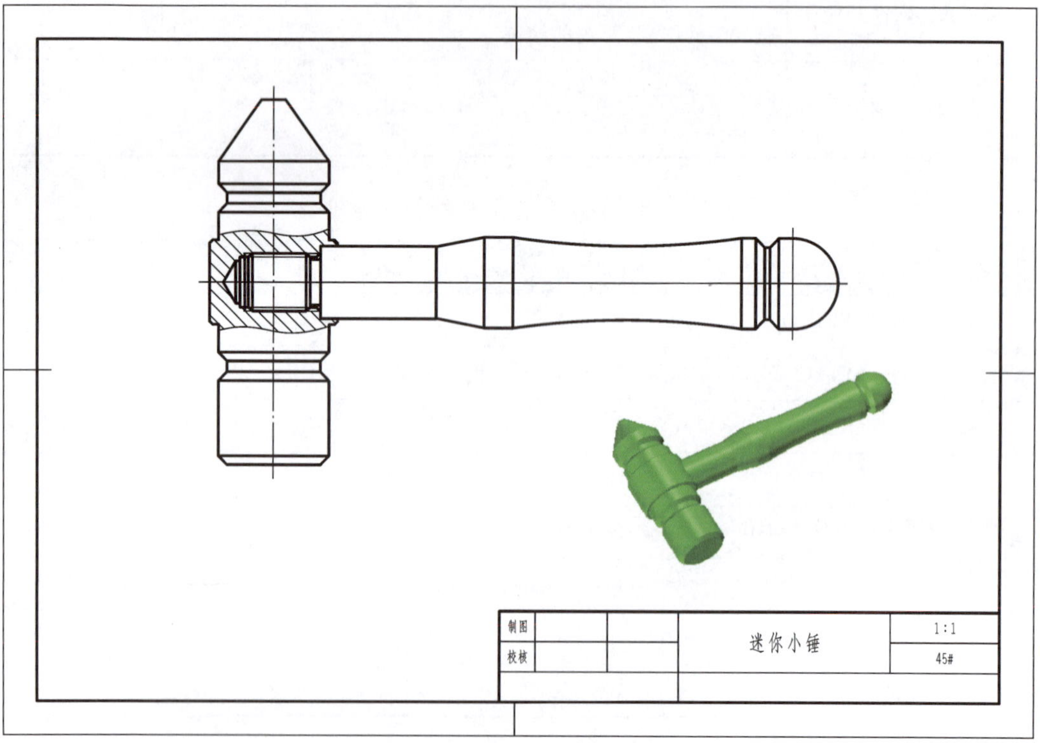

图 9.2.1　迷你小锤的装配示意图

【知识目标】

(1) 圆弧插补指令 G02、G03 (I801)；

(2) 内外径粗车复合循环指令 G71(I1101)；

(3) 刀尖圆弧半径补偿指令 G40、G41、G42(I1201)；

(4) 螺纹车削指令 G32(I1301)；

(5) 螺纹车削简单循环指令 G82(I1302)；

(6) 螺纹车削复合循环指令 G76(I1303)。

【技能目标】

（1）锤头与锤柄的加工；

（2）锤头与锤柄的螺纹配合加工。

【任务准备】

数控车床 CK6132、80 度方头外圆车刀、35 度菱形外圆车刀、切槽（断）刀、外螺纹刀、刀架扳手、卡盘扳手、垫片（若干）、中心高棒、铁钩、毛刷、游标卡尺、螺纹环规、ϕ25 mm 的尼龙棒料等。

【任务实施】

（1）学习【链接知识 I801 圆弧插补指令 G02、G03】。

（2）完成【专项训练 I801 圆弧插补指令 G02、G03】，如表 9.2.1 所示。

表 9.2.1　专项训练 I801 圆弧插补指令 G02、G03

<table>
<tr><th>序号</th><th>训练内容</th><th>备注</th></tr>
<tr><td>1</td><td>请根据下面的锤柄局部零件图，以 A 点为工件坐标系的原点，填写 A、B、C、D 的节点坐标。
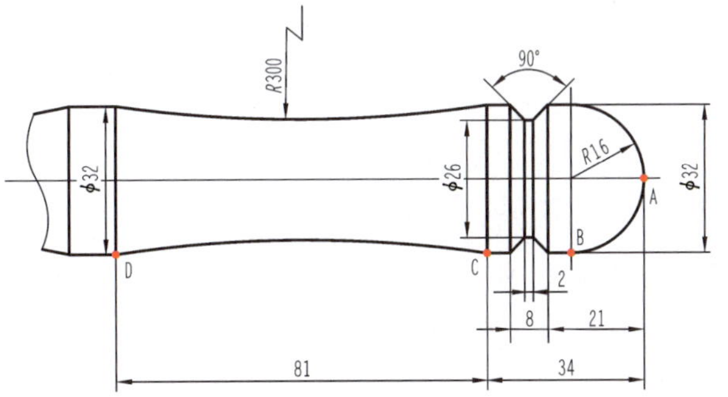

节点　X 坐标　Z 坐标（绝对方式）　Z 坐标（增量方式）
A　________　____________　____________
B　________　____________　____________
C　________　____________　____________
D　________　____________　____________</td><td></td></tr>
</table>

续表

<table>
<tr><th>序号</th><th>训练内容</th><th>备注</th></tr>
<tr><td>2</td><td>请判断锤柄中两段圆弧的方向,并写出圆弧的程序段。
刀具轨迹　顺、逆方向　圆弧插补程序段
A→B　________　________________
C→D　________　________________</td><td></td></tr>
<tr><td>3</td><td>根据注释中的文字提示补充锤柄零件(右端)精加工程序,毛坯尺寸为 $\phi35$,并在机床上校验程序。
段号 | 程序 | 注释
________ | OCB | ________________
________ | %01 | ________________
N1 | T0101 | ________________
N2 | M03 S1000 | ________________
N3 | ________________ | X、Z 轴快速定位
N4 | X0 | ________________
N5 | G01 Z0 F150 | ________________
N6 | ________________ | 编写 $R16$ 的圆弧至 B 点
N7 | ________________ | 编写 $\phi32$ 的外圆
N8 | ________________ | 编写 90°斜凹槽(右侧)
N9 | G01 X26 Z-26 | ________________
N10 | ________________ | 编写 90°斜凹槽(左侧)
N11 | G01 X32 Z-34 | ________________
N12 | ________________ | 编写 $R300$ 的圆弧至 D 点
N13 | X33 Z-116 | 编写意图:多编一段斜向轨迹,防止对接时留下毛刺
N14 | G00 X100 | ________________
N15 | Z100 | ________________
N16 | M05 | ________________
N17 | M30 | ________________</td><td></td></tr>
</table>

(3) 学习【链接知识 I1101 内外径粗车复合循环指令 G71】。

(4) 完成【专项训练 I1101 内外径粗车复合循环指令 G71】,如表 9.2.2 所示。

表 9.2.2 专项训练 I1101 内外径粗车复合循环指令 G71

<table>
<tr><th>序号</th><th>训练内容</th><th>备注</th></tr>
<tr><td>1</td><td>

根据如下锤头零件图，确定其循环起点坐标值(已知零件毛坯尺寸为 ϕ35)。

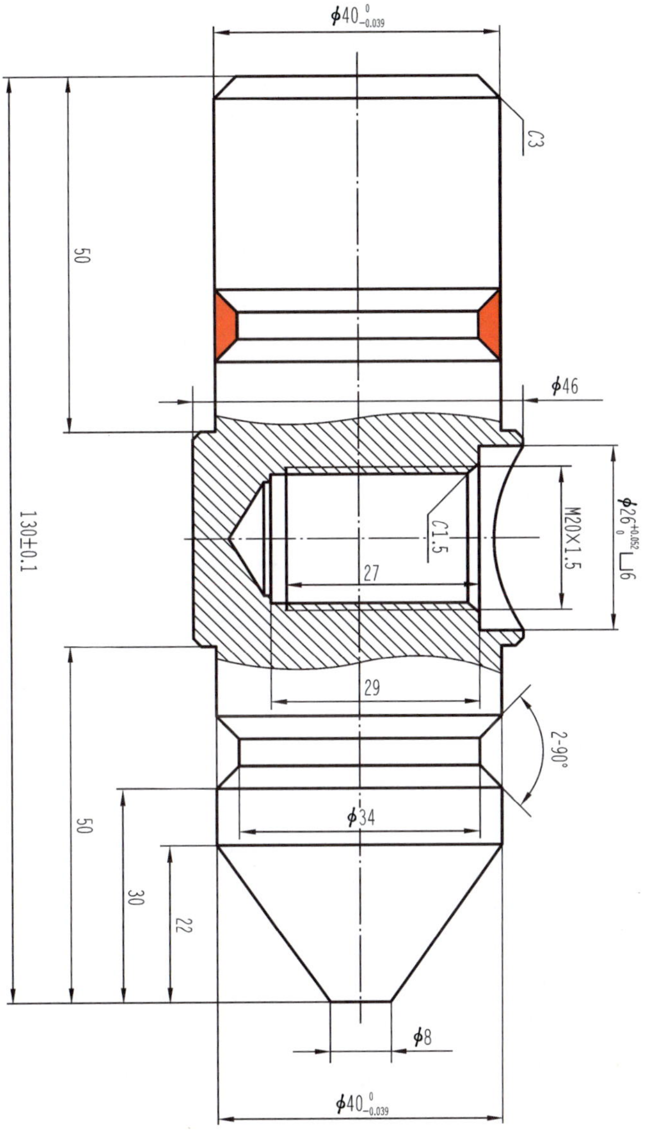

未注倒角 C1

X 坐标 ____________ Z 坐标 ____________

</td><td></td></tr>
</table>

续表

<table>
<tr><th>序号</th><th>训练内容</th><th>备注</th></tr>
<tr><td>2</td><td>
假设锤头左端 90°斜槽(红色区域)不加工,根据注释中的文字提示补充锤头零件(左端)精加工程序,并在机床上校验程序。
<table>
<tr><th>段号</th><th>程序</th><th>注释</th></tr>
<tr><td>______</td><td>OCT</td><td>______</td></tr>
<tr><td>______</td><td>%01</td><td>______</td></tr>
<tr><td>N1</td><td>T0101</td><td>______</td></tr>
<tr><td>N2</td><td>M03 S1000</td><td>______</td></tr>
<tr><td>N3</td><td>______</td><td>快速定位到循环起点</td></tr>
<tr><td>N4</td><td>G71U____ R____ P____
Q____ X____ Z____ F____</td><td>填写 G71 内(外)粗车复合循环参数值</td></tr>
<tr><td>N5</td><td>______</td><td>X 快速轴定位至工件零点,并确定精加工转速为 1200 r/min</td></tr>
<tr><td>N6</td><td>______</td><td>Z 轴定位至工件零点,并确定精加工进给速度为 130 mm/min</td></tr>
<tr><td>N7</td><td>X40 C3</td><td>______</td></tr>
<tr><td>N8</td><td>Z-50</td><td>______</td></tr>
<tr><td>N9</td><td>______</td><td>编写 $\phi46$ 处 $C1$ 倒角</td></tr>
<tr><td>N10</td><td>______</td><td>编写 $\phi46$ 的长度终点</td></tr>
<tr><td>N11</td><td>G00 X100</td><td>锥面加工</td></tr>
<tr><td>N12</td><td>Z100</td><td>增量方式编程</td></tr>
<tr><td>N13</td><td>M05</td><td>______</td></tr>
<tr><td>N14</td><td>M30</td><td>______</td></tr>
</table>
</td><td></td></tr>
</table>

续表

序号	训练内容	备注
3	请根据如下锤头零件图，确定其循环起点坐标值（已知零件毛坯为 ϕ35）。 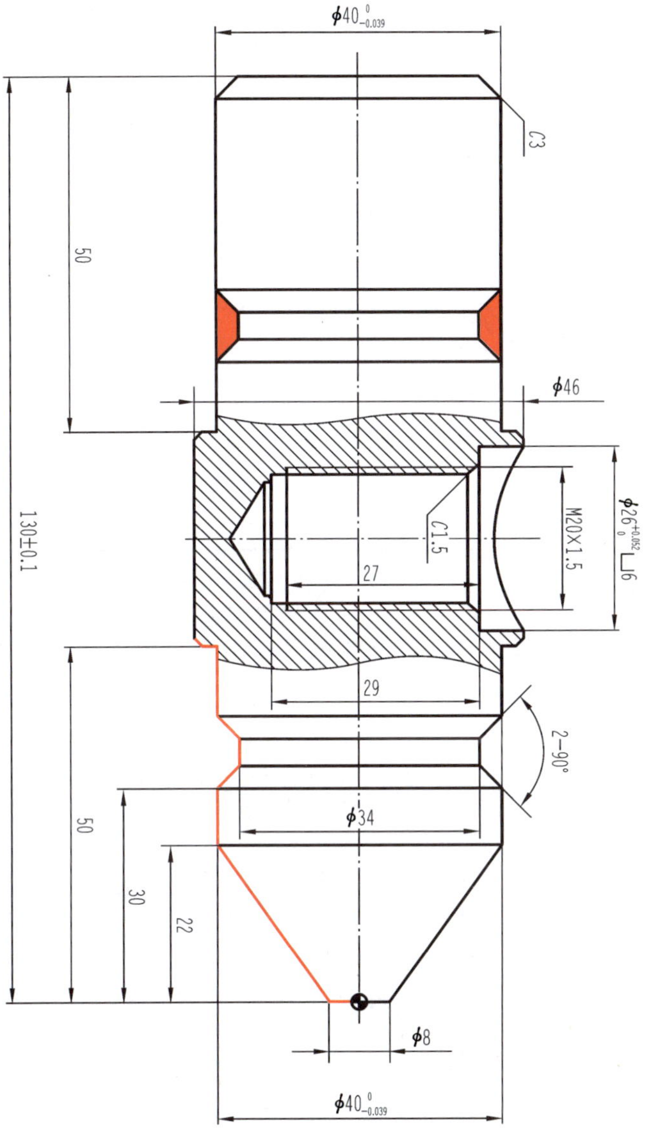 未注倒角 C1 X 坐标 __________ Z 坐标 __________	

续表

序号	训 练 内 容	备注
4	请根据锤头零件图，运用 G71 指令编写锤头右端（红色线条）的加工程序，并在机床上校验程序。 程序段号 程序 ______ ______________ ______ ______________ ______ ______________ ______ ______________ ______ ______________ ______ ______________ ______ ______________ ______ ______________ ______ ______________ ______ ______________ ______ ______________ ______ ______________	

（5）学习【链接知识 I1201 刀尖圆弧半径补偿指令 G40、G41、G42】。

（6）完成【专项训练 I1201 刀尖圆弧半径补偿指令 G40、G41、G42】，如表 9.2.3 所示。

表 9.2.3 专项训练 I1201 刀尖圆弧半径补偿指令 G40、G41、G42

序号	训 练 内 容	备注
1	请判定下图中，从 A 点向 B 点编写精加工程序时，刀补方向是________。 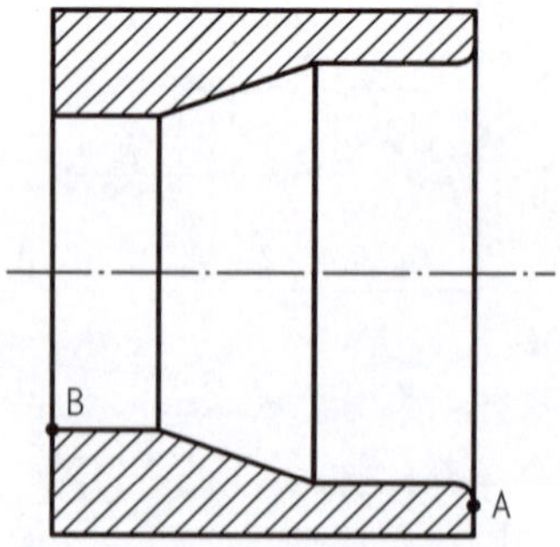	

序号	训练内容	备注
2	请判定下图中，从 A 点向 B 点编写精加工程序时，刀补方向是________。 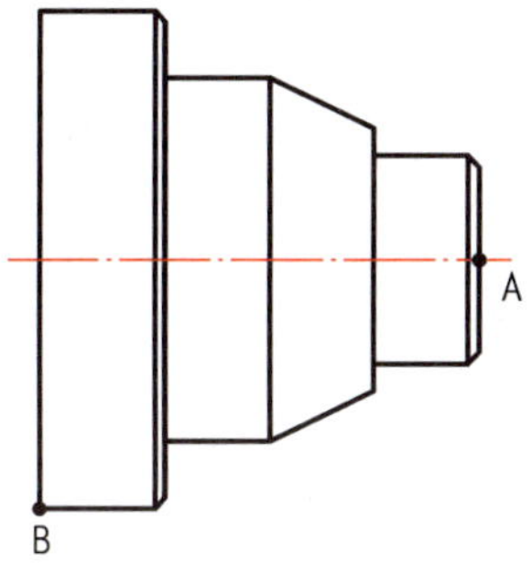 	
3	请判定下图中，从 A 点向 B 点编写精加工程序时，刀补方向是________。 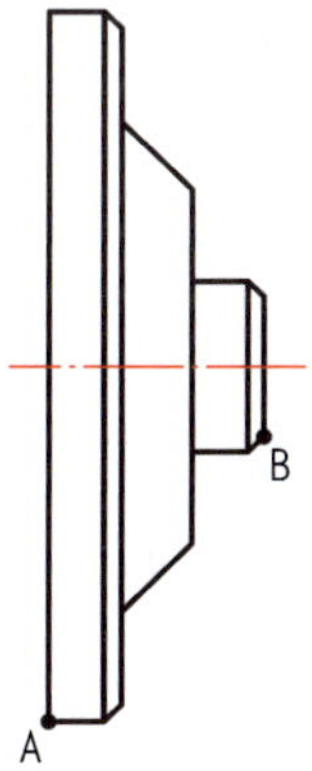 	

(7) 完成图 9.2.2 所示锤头零件的编程与加工，填写表 9.2.4。

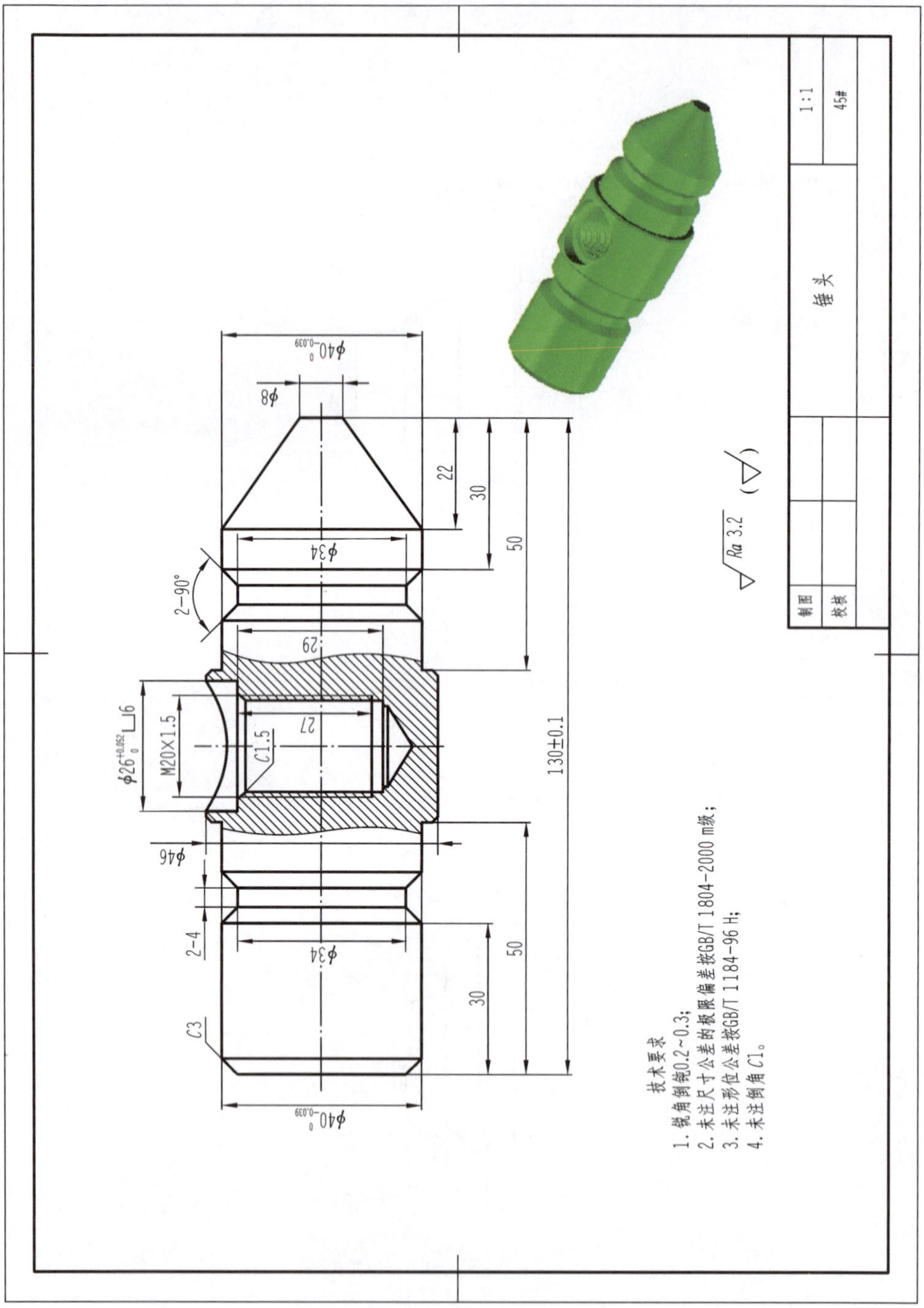

锤头
1:1
45#
制图
校核
Ra 3.2
技术要求
1. 锐角倒钝0.2~0.3;
2. 未注尺寸公差的极限偏差按GB/T 1804-2000 m级;
3. 未注形位公差按GB/T 1184-96 H;
4. 未注倒角C1。

图 9.2.2　锤头零件图

表 9.2.4 锤头零件的编写与加工

序号	训练内容	备注
1	请根据锤头零件图，结合前面所学基本指令、G71、刀尖半径补偿等指令，编写程序并加工出锤头零件。 左端程序如下。 程序段号　　程序 ______　______________ ______　______________ ______　______________ ______　______________ ______　______________ ______　______________ ______　______________ ______　______________ ______　______________ ______　______________ ______　______________ ______　______________	
2	右端程序如下。 程序段号　　程序 ______　______________ ______　______________ ______　______________ ______　______________ ______　______________ ______　______________ ______　______________ ______　______________ ______　______________ ______　______________ ______　______________ ______　______________ ______　______________	

续表

序号	训练内容	备注
3	请把车削完成的锤头零件安装到数控铣的固定夹具中，完成锤头与锤柄的连接螺纹孔的加工，并为锤头零件实物拍照，将照片打印粘贴在下面的空白处。 照片粘贴处	

（8）学习【链接知识 I1302 螺纹车削简单循环指令 G82】。

（9）完成【专项训练 I1302 螺纹车削简单循环指令 G82】，如表 9.2.5 所示。

表 9.2.5 专项训练 I1302 螺纹车削简单循环指令 G82

<table>
<tr><th>序号</th><th>训练内容</th><th>备注</th></tr>
<tr><td>1</td><td>请根据如下锤柄局部视图，填写螺纹牙深、切削次数和每一刀的背吃刀量。
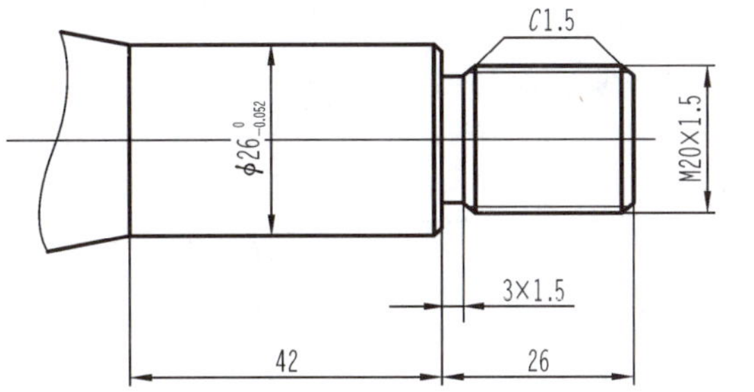

螺纹牙深(半径)为________________。
切削次数及每一刀的背吃刀量如下：
______ ____________________________
______ ____________________________
______ ____________________________
______ ____________________________</td><td></td></tr>
<tr><td>2</td><td>请运用 G82 指令编写锤柄的螺纹程序。
程序段号 程序
__________ ____________________________
__________ ____________________________
__________ ____________________________
__________ ____________________________
__________ ____________________________
__________ ____________________________
__________ ____________________________
__________ ____________________________
__________ ____________________________
__________ ____________________________
__________ ____________________________
__________ ____________________________
__________ ____________________________</td><td></td></tr>
</table>

(10) 学习【链接知识 I1303 螺纹车削复合循环指令 G76】。

(11) 完成【专项训练 I1303 螺纹车削复合循环指令 G76】，如表 9.2.6 所示。

表 9.2.6　专项训练 I1303 螺纹车削复合循环指令 G76

序号	训练内容	备注
1	请根据如下锤柄局部视图，运用 G76 指令编写锤柄的螺纹加工程序。 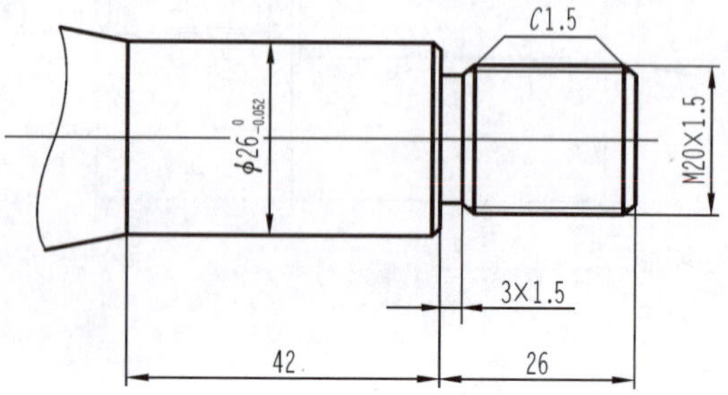 	
2	程序段号　　　　程序 ______　　______________ ______　　______________ ______　　______________ ______　　______________ ______　　______________ ______　　______________ ______　　______________ ______　　______________ ______　　______________ ______　　______________ ______　　______________ ______　　______________	

（12）完成图 9.2.3 所示的锤柄零件的编程与加工，填写表 9.2.7。

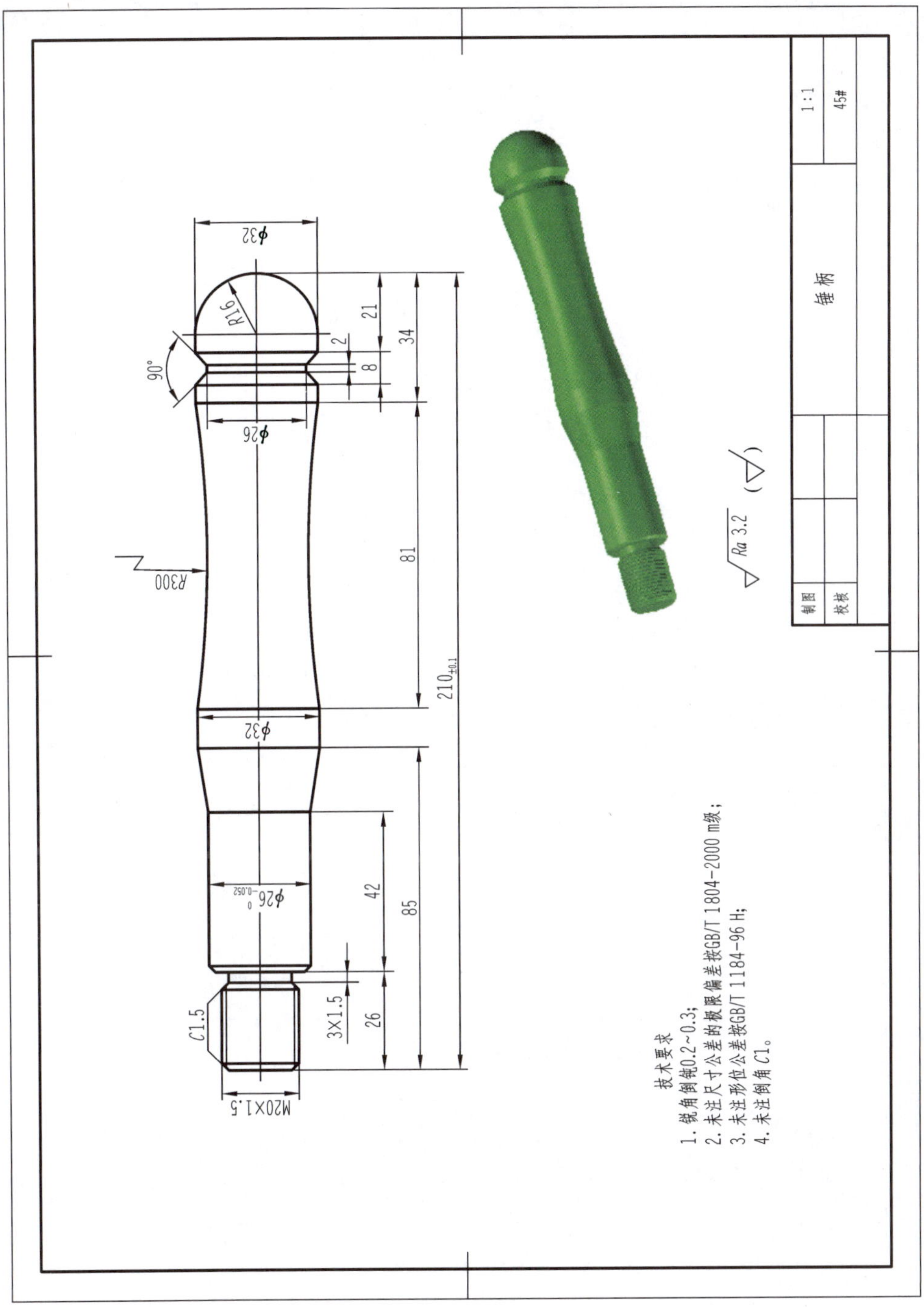
技术要求
1. 锐角倒钝0.2~0.3;
2. 未注尺寸公差的极限偏差按GB/T 1804-2000 m级;
3. 未注形位公差按GB/T 1184-96 H;
4. 未注倒角C1。
锤柄
1:1
45#
制图
校核
Ra 3.2
φ32
R16
90°
φ26
R300
φ32
M20X1.5
C1.5
3X1.5
21
34
2
8
81
210±0.1
42
85
26

图 9.2.3 锤柄零件图

表 9.2.7 锤柄零件的编写与加工

序号	训练内容	备注
1	请根据锤柄零件图，结合前面所学指令，编写程序并加工出锤柄零件。 左端程序如下。 程序段号　　　　程序 ________ ________________ ________ ________________ ________ ________________ ________ ________________ ________ ________________ ________ ________________ ________ ________________ ________ ________________ ________ ________________ ________ ________________ ________ ________________ ________ ________________ ________ ________________	
2	右端程序如下。 程序段号　　　　程序 ________ ________________ ________ ________________ ________ ________________ ________ ________________ ________ ________________ ________ ________________ ________ ________________ ________ ________________ ________ ________________ ________ ________________ ________ ________________ ________ ________________ ________ ________________ ________ ________________	

序号	训练内容	备注
3	请把车削完成的锤柄与锤头装配起来，并为组装好的迷你小锤实物拍照，将照片打印粘贴在下面的空白处。 照片粘贴处	

【任务评价】

完成【任务 2 制作迷你小锤】任务后，请如实填写表 9.2.8 和表 9.2.9。

表 9.2.8 【制作迷你小锤】任务评价表

评价项目	评价标准	评价等级		
着装	规范	A□	B□	C□
机床操作	规范	A□	B□	C□
工具	使用规范、摆放整齐	A□	B□	C□
量具	使用规范、摆放整齐	A□	B□	C□
加工方法	正确规范	A□	B□	C□

表 9.2.9 【制作迷你小锤】8S 评价表

序号	项目	自评	组长评价	教师评价
1	整理(SEIRI)	A□ B□ C□	A□ B□ C□	A□ B□ C□
2	整顿(SEITON)	A□ B□ C□	A□ B□ C□	A□ B□ C□
3	清扫(SEISO)	A□ B□ C□	A□ B□ C□	A□ B□ C□
4	清洁(SEIKETSU)	A□ B□ C□	A□ B□ C□	A□ B□ C□
5	素养(SHITSUKE)	A□ B□ C□	A□ B□ C□	A□ B□ C□
6	安全(SAFETY)	A□ B□ C□	A□ B□ C□	A□ B□ C□
7	节约(SAVE)	A□ B□ C□	A□ B□ C□	A□ B□ C□
8	学习(STUDY)	A□ B□ C□	A□ B□ C□	A□ B□ C□

注：评价等级中的“A”对应“好”、“B”对应“一般”、“C”对应“差”。

学生：____________ 组长：____________ 教师：____________

项目十　镂空魔方的绘图与制作

任务 1　绘制镂空魔方

【任务描述】

使用中望 3D 软件完成镂空魔方建模，如图 10.1.1 所示，并使用中望 CAD 软件绘制镂空魔方零件图。

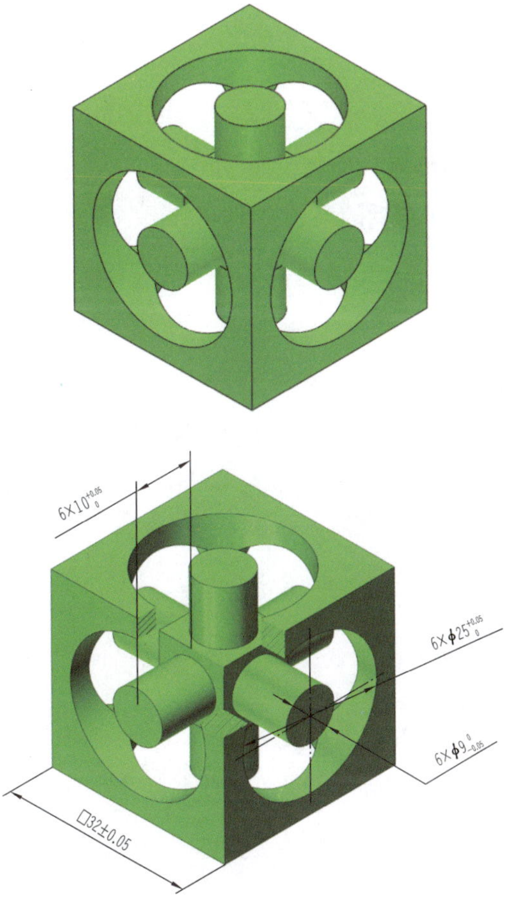

图 10.1.1　镂空魔方的三维模型图

【知识目标】

(1) 中望 3D 软件基本界面(K101)；

(2) 草图绘图(K301)；

(3) 基础造型(K401)；

(4) 工程特征(K402)；

(5) 工程图基础(K601)；

(6) 视图布局(K602)；

(7) 剖视图(K603)。

【技能目标】

(1) 中望 3D 建模；

(2) 三维实体转换成二维零件图样；

(3) 中望 CAD 标准零件图纸的绘制。

【任务准备】

电脑、中望 3D 软件、中望 CAD 软件、A4 打印纸、打印机、常用产品数控加工教材等。

【任务实施】

(1) 完成【知识目标】相关知识点的复习。

(2) 完成【专项训练 镂空魔方的建模与成图】，如表 10.1.1 所示。

表 10.1.1　专项训练　镂空魔方的建模与成图

序号	训练内容	备注

请根据下图所示的操作要求，填写正确答案。

(1) 创建六面体。

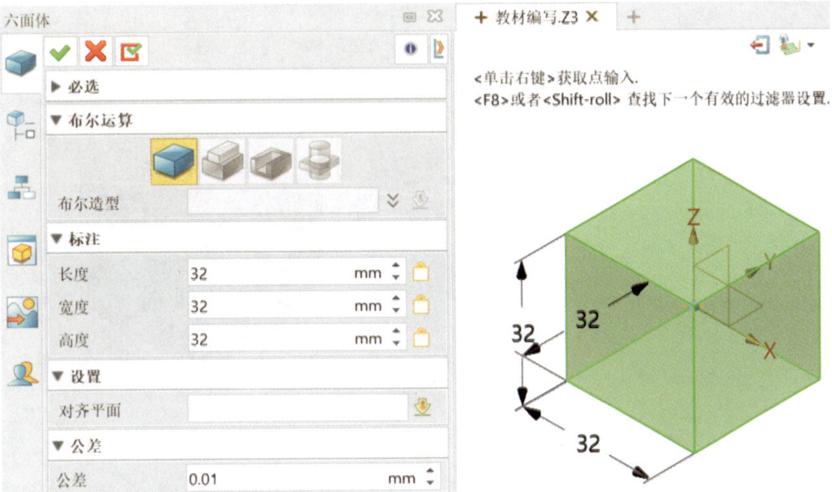

Ribbon 选项卡名称：___造型___。

功能名称：___六面体___。

1

(2) 使正方体上孔与圆柱同心。

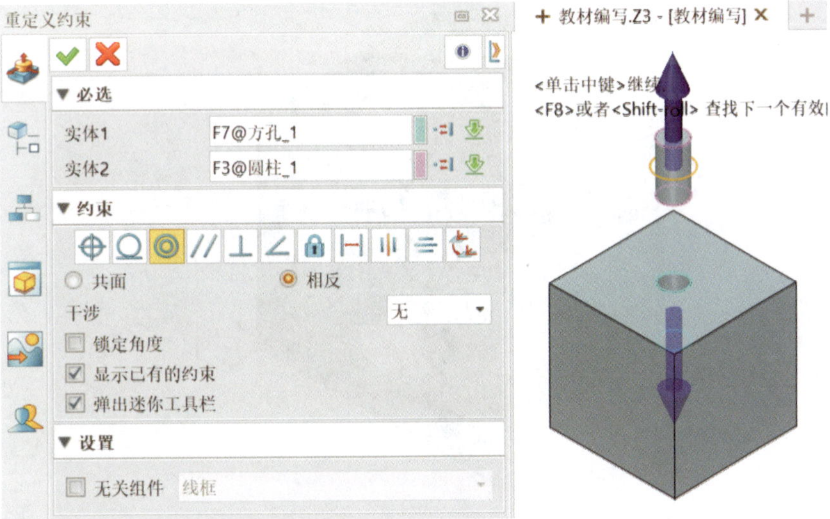

Ribbon 选项卡名称：______________。

功能名称：______________。

<table>
<tr><th>序号</th><th>训练内容</th><th>备注</th></tr>
<tr><td>1</td><td>

(3) 测量正方体顶面与圆柱底面间的距离。

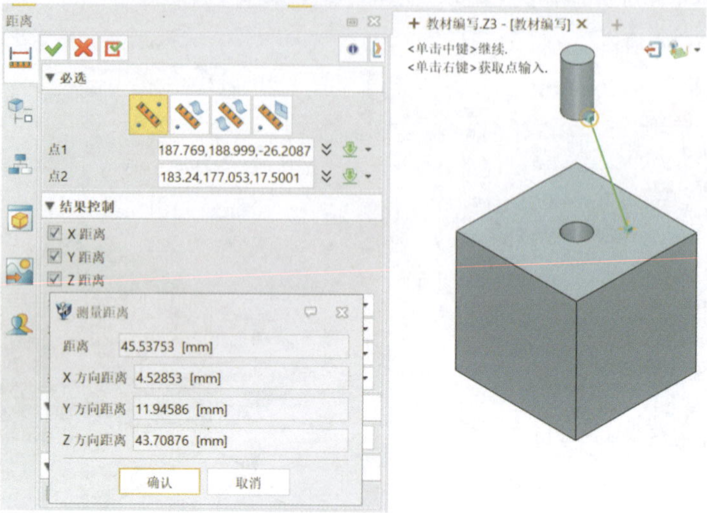

Ribbon 选项卡名称：____________。

功能名称：____________。

</td><td></td></tr>
<tr><td>2</td><td>

请使用中望 3D 完成建模，并转换出零件图，输出 PDF 文档，打印留存，完成后在对应的□中打“√”。

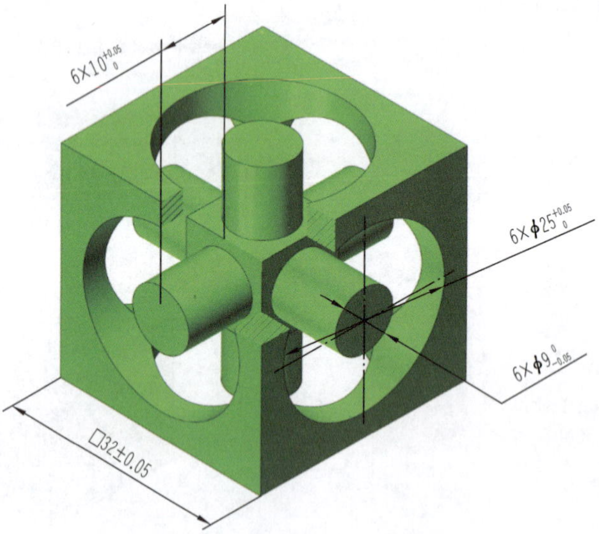

绘制任务名称	操作结果记录
镂空魔方三维建模	□已完成
镂空魔方零件图绘制	□已完成
镂空魔方零件图图纸打印	□已完成

</td><td></td></tr>
</table>

【任务评价】

完成【任务 1 绘制镂空魔方】任务后，请如实填写表 10.1.2 和表 10.1.3。

表 10.1.2 【绘制镂空魔方】任务评价表

评价项目	评价标准	评价等级		
全剖视图的绘制	全剖视图绘制正确	A□	B□	C□
零件图的视图选择	零件图的视图选择合理	A□	B□	C□
零件图的尺寸标注	零件图的尺寸标注美观合理、无漏标、重复标注	A□	B□	C□
零件图上的技术要求	零件图上的技术要求编写合理	A□	B□	C□
零件图的画法	图幅、比例选择合理，标题栏书写正确	A□	B□	C□
中望 3D 软件的使用	能熟练使用中望 3D 软件完成建模、装配和出工程图	A□	B□	C□
中望 CAD 软件的使用	能熟练使用中望 CAD 软件完成零件图、装配图的绘制	A□	B□	C□
打印机的使用	能正确使用打印机打印图纸	A□	B□	C□

表 10.1.3 【绘制镂空魔方】8S 评价表

序号	项目	自评	组长评价	教师评价
1	整理(SEIRI)	A□ B□ C□	A□ B□ C□	A□ B□ C□
2	整顿(SEITON)	A□ B□ C□	A□ B□ C□	A□ B□ C□
3	清扫(SEISO)	A□ B□ C□	A□ B□ C□	A□ B□ C□
4	清洁(SEIKETSU)	A□ B□ C□	A□ B□ C□	A□ B□ C□
5	素养(SHITSUKE)	A□ B□ C□	A□ B□ C□	A□ B□ C□
6	安全(SAFETY)	A□ B□ C□	A□ B□ C□	A□ B□ C□
7	节约(SAVE)	A□ B□ C□	A□ B□ C□	A□ B□ C□
8	学习(STUDY)	A□ B□ C□	A□ B□ C□	A□ B□ C□

注：评价等级中的“A”对应“好”、“B”对应“一般”、“C”对应“差”。

学生：________ 组长：________ 教师：________

任务 2　制作镂空魔方

【任务描述】

根据图 10.2.1 所示的镂空魔方零件图，完成镂空魔方的制作。

【知识目标】

(1) 数控铣床操作规程(J103)；

(2) 数控铣床认识(J101)；

(3) 数控铣床的手动操作(J201)；

(4) 数控铣床常用刀柄刀具认识(J202)；

(5) 数控铣床对刀和坐标系的设置(J203)；

(6) 数控铣削基本编程知识(J301)；

(7) G00、G01 指令的应用(J302)；

(8) G02、G03 指令的应用(J303)。

【技能目标】

(1) 铣床的手动操作；

(2) 虎钳的安装与校正；

(3) 数控铣床对刀操作；

(4) 镂空魔方的制作。

【任务准备】

游标卡尺、钢直尺、立铣刀、面铣刀、弹簧夹头、BT40 刀柄、分中棒、压板、T 形块、M10 内六角螺丝、精密虎钳、百分表、磁力表座、一套内六角扳手、铜棒等。

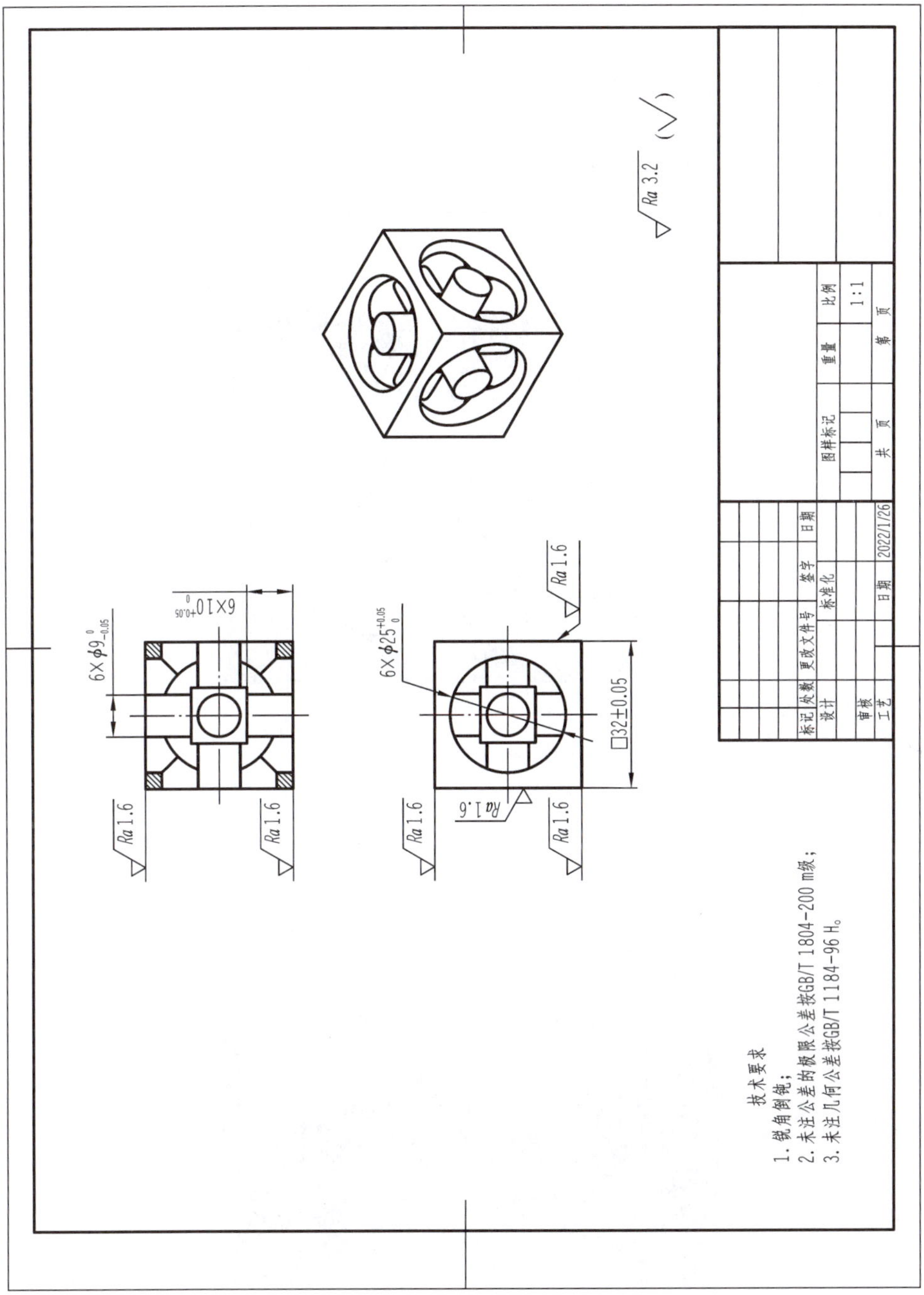

图 10.2.1　镂空魔方零件图

【任务实施】

（1）学习【链接知识 J103 数控铣床操作规程】。

（2）完成【专项训练 J103 数控铣床操作规程】，如表 10.2.1 所示。

表 10.2.1　专项训练 J103 数控铣床操作规程

序号	训练内容	备注
1	（1）请思考下图中的行为是否符合安全操作设备的要求，你认为答案选（　　）。  A. 符合，两人操作效率更高 B. 符合，两人分工操作设备更安全 C. 不符合，为避免安全事故，设备应该由一人操作 D. 不符合，不利于学生的全面学习 （2）你认为下图能够反映的是（　　）。 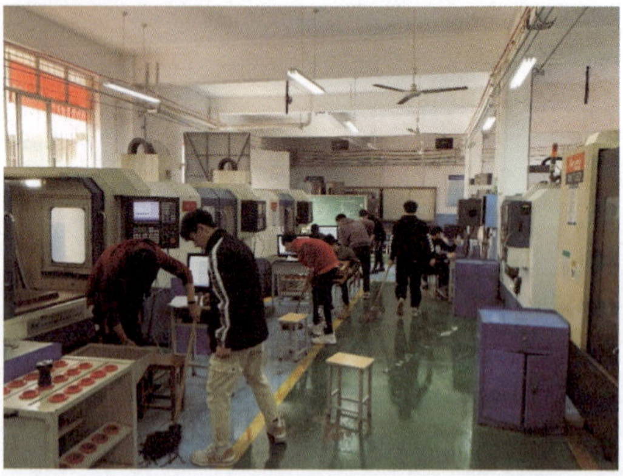 A. 上课认真听讲 B. 设备使用完毕后进行保养 C. 课后打扫实训场所 D. 以上均符合	

(3) 学习【链接知识 J101 数控铣床认识】。

(4) 完成【专项训练 J101 数控铣床认识】,如表 10.2.2 所示。

表 10.2.2 专项训练 J101 数控铣床认识

<table>
<tr><th>序号</th><th>训练内容</th><th>备注</th></tr>
<tr><td>1</td><td>请填空。
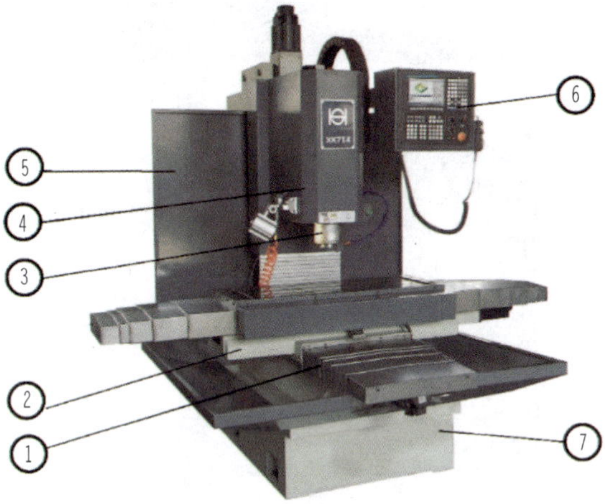

序号 名称 功能
① ________ ____________________
② ________ ____________________
③ ________ ____________________
④ ________ ____________________
⑤ ________ ____________________
⑥ ________ ____________________
⑦ ________ ____________________</td><td></td></tr>
<tr><td>2</td><td>请参照实训车间的数控铣床,补充下图所示的数控铣床控制面板图。
(1) 数控铣床控制面板图(区域一)。
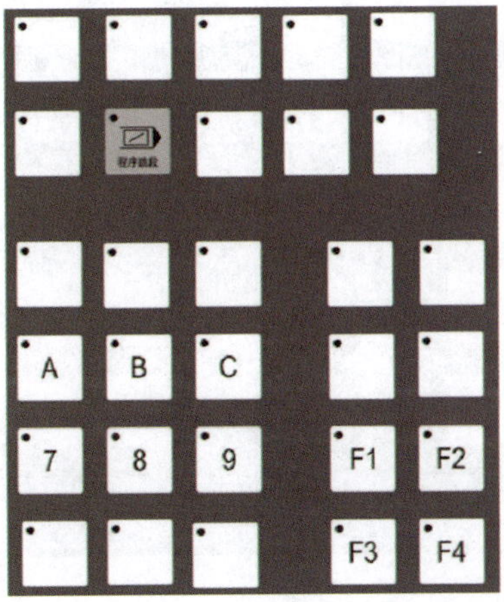
</td><td></td></tr>
</table>

续表

序号	训练内容	备注
2	（2）数控铣床控制面板图（区域二）。 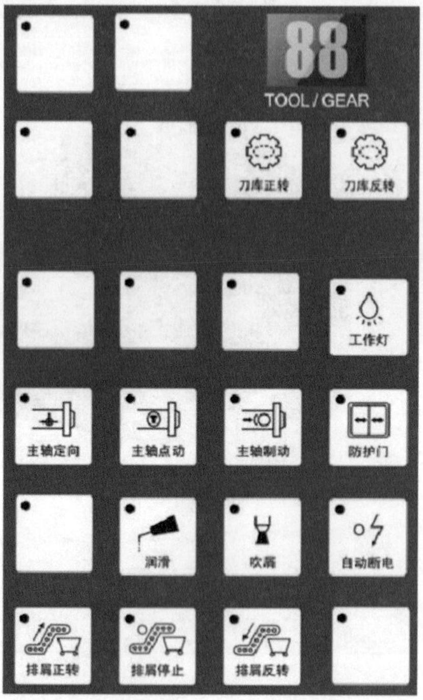 （3）数控铣系统输入面板图。 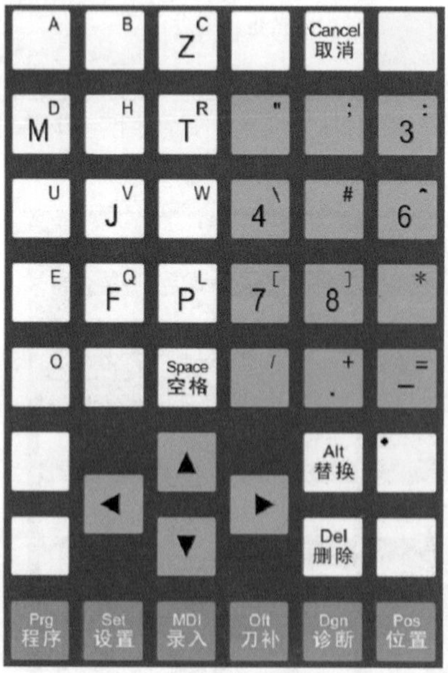 	

（5）学习【链接知识 J201 数控铣床的手动操作】。

（6）完成【专项训练 J201 数控铣床的手动操作】，如表 10.2.3 所示。

表 10.2.3　专项训练 J201 数控铣床的手动操作

<table>
<tr><th>序号</th><th>训练内容</th><th>备注</th></tr>
<tr><td>1</td><td>按下列顺序操作数控机床，小组长进行监督，每一项操作完成后，在后面方框内打“√”。
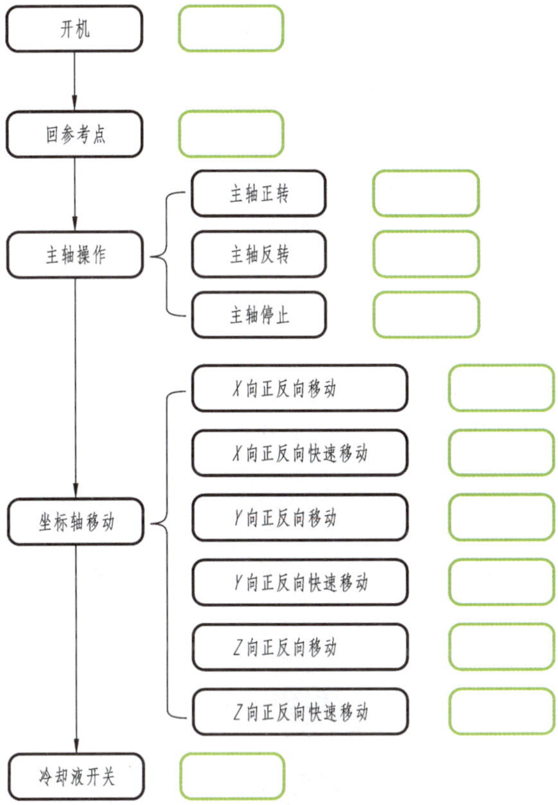
</td><td></td></tr>
<tr><td>2</td><td>请用手摇完成以下设定条件下的操作，完成后在对应的□中打“√”。
X 轴正向移动 1 mm，手脉倍率为×1　□已完成
X 轴正向移动 5 mm，手脉倍率为×5　□已完成
X 轴负向移动 10 mm，手脉倍率为×10　□已完成
Y 轴正向移动 1 mm，手脉倍率为×1　□已完成
Y 轴正向移动 5 mm，手脉倍率为×5　□已完成
Y 轴负向移动 10 mm，手脉倍率为×10　□已完成
Z 轴负向移动 1 mm，手脉倍率为×1　□已完成
Z 轴负向移动 5 mm，手脉倍率为×5　□已完成
Z 轴负向移动 10 mm，手脉倍率为×10　□已完成</td><td></td></tr>
</table>

续表

序号	训练内容	备注
3	请按要求完成主轴操作，并由小组成员做好记录。 序号 实训任务描述 互助学生记录 ① 请完成数控铣床主轴正转操作。 □已完成 ② 请读出数控铣床主轴正转的转速。 转速：________ ③ 请完成主轴停、主轴反转操作。 □已完成 ④ 请读出数控铣床主轴反转的转速。 转速：________ ⑤ 手动回参考点，请记录 Z 轴回参考点的方向及速度。 方向：________ 速度：________ ⑥ 手动回参考点，请记录 X 轴回参考点的方向及速度。 方向：________ 速度：________ ⑦ 手动回参考点，请记录 Y 轴回参考点的方向及速度。 方向：________ 速度：________ ⑧ 手动移动 X 轴，使 X 轴正向超程，记录报警内容，并列出解除超程的步骤。 内容：________ 步骤：________	
4	(1) 下图左上角的压板已压紧，请选出使虎钳校正的正确敲击方式。(　　)  A. 使用尼龙锤敲击左上角，从左往右敲 B. 使用尼龙锤敲击左下角，从左往右敲 C. 使用尼龙锤敲击右上角，从右往左敲 D. 使用尼龙锤敲击右下角，从右往左敲	

续表

<table>
<tr><th>序号</th><th>训练内容</th><th>备注</th></tr>
<tr><td>4</td><td>(2) 张三在校正虎钳时，将百分表从钳口左端移向右端，两端的压表量如下图所示，下列说法正确的是(　　)。

钳口左端

钳口右端
A. 此时左端压表量小于右端压表量，故左端低
B. 此时左端压表量小于右端压表量，故右端低
C. 此时左端压表量大于右端压表量，故左端低
D. 此时左端压表量大于右端压表量，故右端低</td><td></td></tr>
<tr><td>5</td><td>下图为定钳口左端至右端的压表量，请完成下列填空。

钳口左端

钳口右端
(1) 根据钳口压表量的变化可知定钳口的左端______、右端 ______。
(2) 已知定钳口______端高，要将钳口校正，应用尼龙锤敲击虎钳的______，直至两端的压表量敲到一致，即钳口被校正，再将剩余的______个螺钉拧紧。</td><td></td></tr>
</table>

(7) 学习【链接知识 J202 数控铣床常用刀柄刀具认识】。

(8) 完成【专项训练 J202 数控铣床常用刀柄刀具认识】，如表 10.2.4 所示。

表 10.2.4 专项训练 J202 数控铣床常用刀柄刀具认识

序号	训练内容	备注
1	请填写下图所示刀具及对应结构的名称。 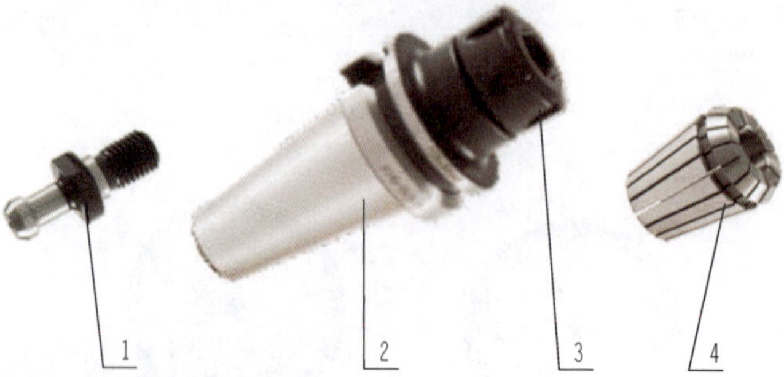 刀柄名称：________________________。 结构名称：1 为________；2 为________；3 为________；4 为________。	
2	请填写下图所示刀具及对应结构的名称。 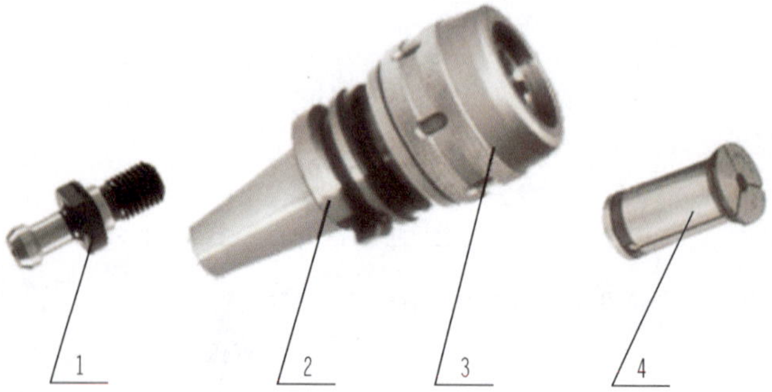 刀柄名称：________________________。 结构名称：1 为________；2 为________；3 为________；4 为________。	
3	请填写下图所示刀具及对应结构的名称。 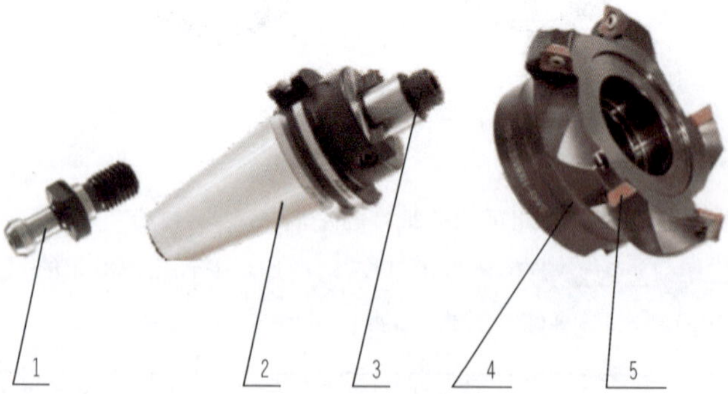 刀柄名称：________________________。 结构名称：1 为________；2 为________；3 为________；4 为________；5 为________。	

续表

<table>
<tr><th>序号</th><th>训练内容</th><th>备注</th></tr>
<tr><td>4</td><td>请填写下图所示刀具及对应结构的名称。
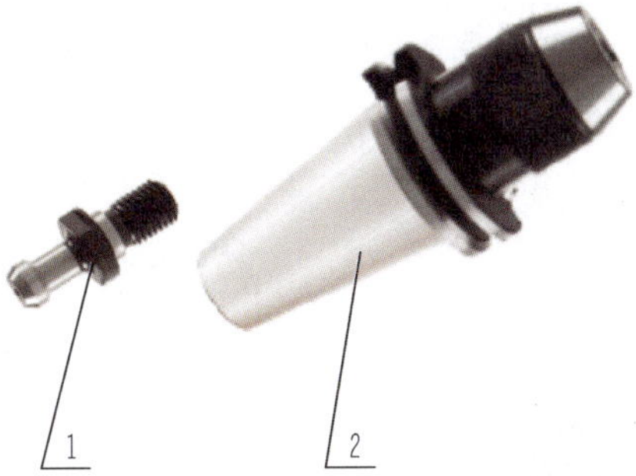

刀柄名称：________________。
结构名称：1 为________；2 为________。</td><td></td></tr>
</table>

(9) 学习【链接知识 J203 数控铣床对刀和坐标系的设置】。

(10) 完成【专项训练 J203 数控铣床对刀和坐标系的设置】，如表 10.2.5 所示。

表 10.2.5 专项训练 J203 数控铣床对刀和坐标系的设置

<table>
<tr><th>序号</th><th>训练内容</th><th>备注</th></tr>
<tr><td>1</td><td>请完成方形毛坯中心 X 轴对刀并做好记录。
(1) 毛坯：150×100×50 mm。毛坯伸出钳口高度：40 mm。
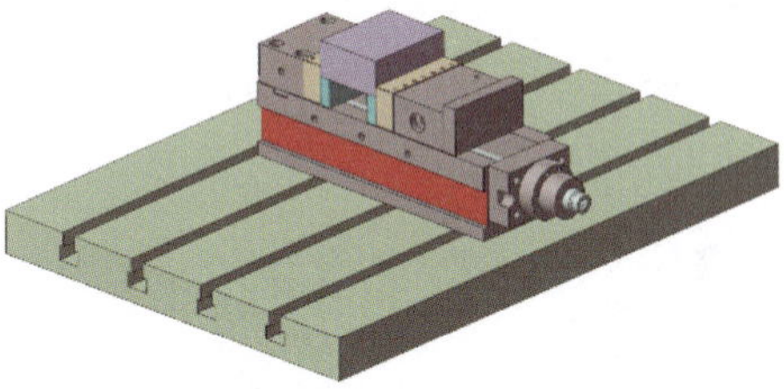
□已安装
(2) 刀具直径：ϕ10 mm。刀具伸出长度：35 mm。
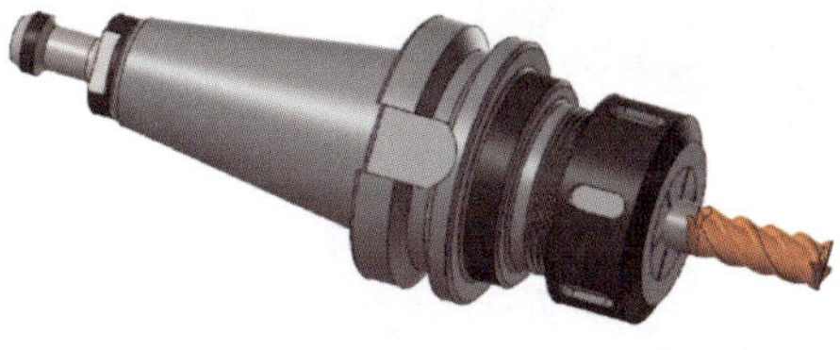
□已安装</td><td></td></tr>
</table>

续表

序号	训练内容	备注
1	(3) 请在保证安全的情况下，启动主轴，调整好倍率开关，完成X轴左侧的试切对刀。 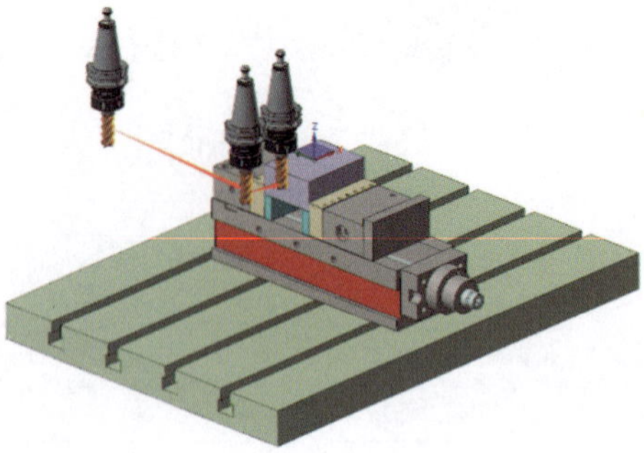 对于X轴左侧，是否根据刀具离工件的距离调整移动倍率？ □是 □否 是否正确记录X轴左侧机床坐标值？ □是 □否 (4) 请在保证安全的情况下，启动主轴，调整好倍率开关，完成X轴右侧的试切对刀。 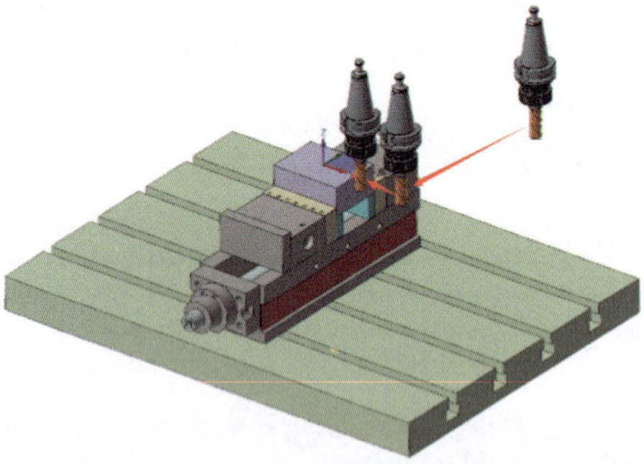 对于X轴右侧，是否根据刀具离工件的距离调整移动倍率？ □是 □否 是否正确记录X轴右侧机床坐标值？ □是 □否 (5) 请根据对刀得到的X左、X右值计算出工件坐标系X坐标值，并输入到G54坐标系中。 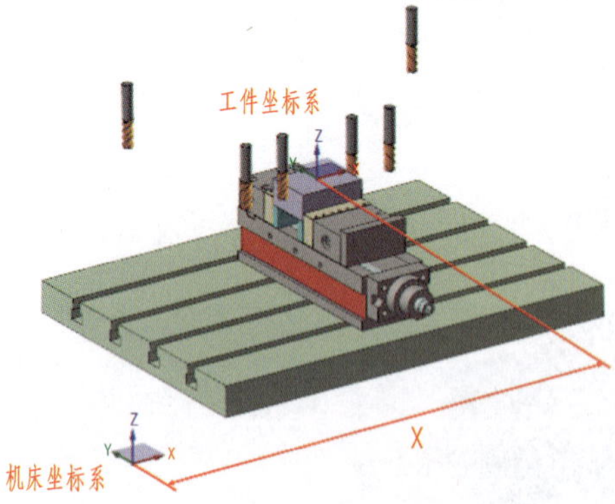 是否正确计算出G54坐标系中的X坐标值？ □是 □否 是否正确输入G54坐标系中的X坐标值？ □是 □否	

续表

序号	训练内容	备注
2	请完成方形毛坯中心 Y 轴对刀并做好记录。 (1) 毛坯：150×100×50 mm。毛坯伸出钳口高度：40 mm。 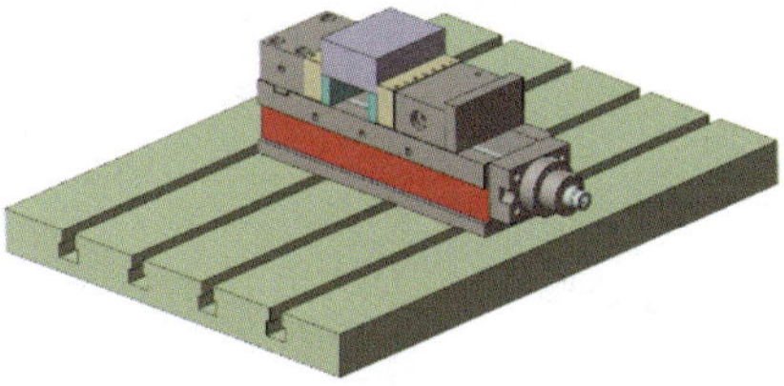 □已安装 (2) 刀具直径：ϕ10 mm。刀具伸出长度：35 mm。  □已安装 (3) 请在保证安全的情况下，启动主轴，调整好倍率开关，完成 Y 轴前侧的试切对刀。 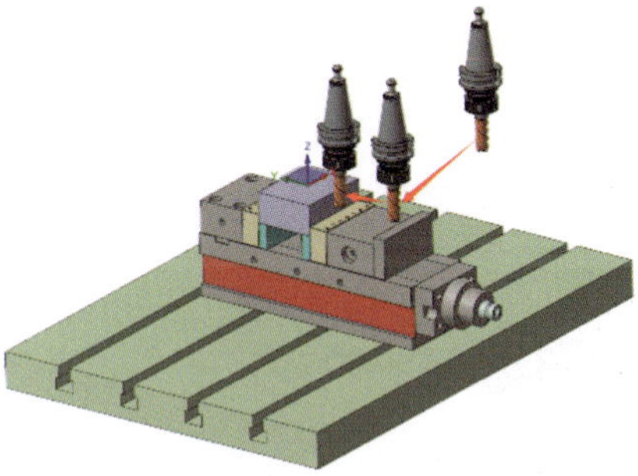 对于 Y 轴前侧，是否根据刀具离工件的距离调整移动倍率？ □是 □否 是否正确记录 Y 轴前侧机床坐标值？ □是 □否 (4) 请在保证安全的情况下，启动主轴，调整好倍率开关，完成 Y 轴前侧的试切对刀。 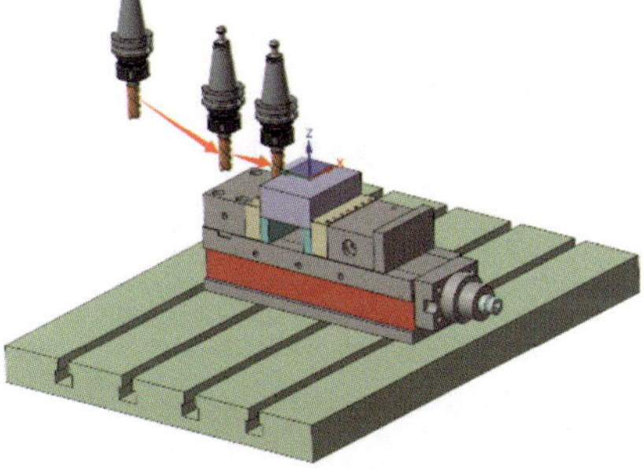 对于 Y 轴后侧，是否根据刀具离工件的距离调整移动倍率？ □是 □否 是否正确记录 Y 轴后侧机床坐标值？ □是 □否	

续表

序号	训练内容	备注
2	（5）请根据对刀得到的 Y 前、Y 后值计算出工件坐标系 Y 坐标值，并输入到 G54 坐标系中。 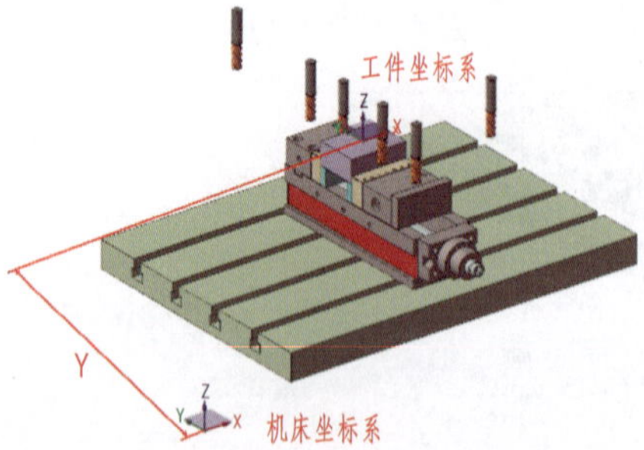 是否正确计算出 G54 坐标系中的 Y 坐标值？ □是 □否 是否正确输入 G54 坐标系中的 Y 坐标值？ □是 □否	
3	请完成方形毛坯中心 Z 轴对刀并做好记录。 （1）毛坯：150×100×50 mm。毛坯伸出钳口高度：40 mm。 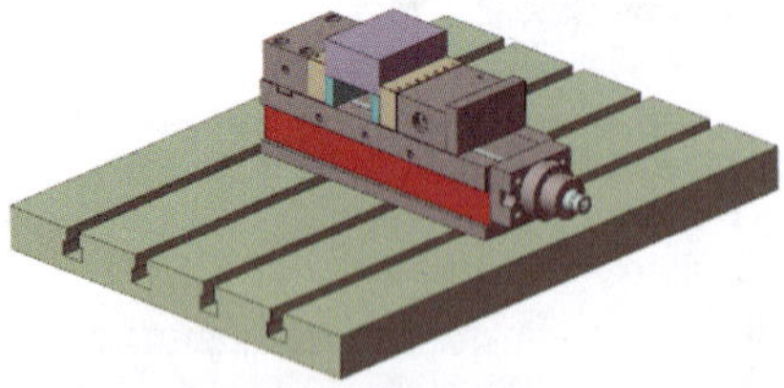 □已安装 （2）刀具直径：ϕ10 mm。刀具伸出长度：35 mm。 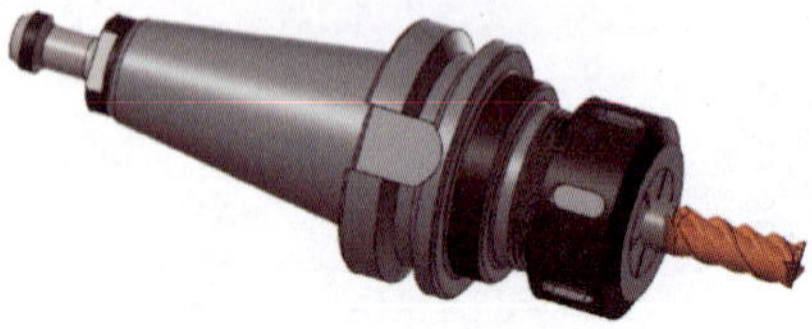 □已安装 （3）请在保证安全的情况下，启动主轴，调整好倍率开关，完成 Z 轴顶面的试切对刀。 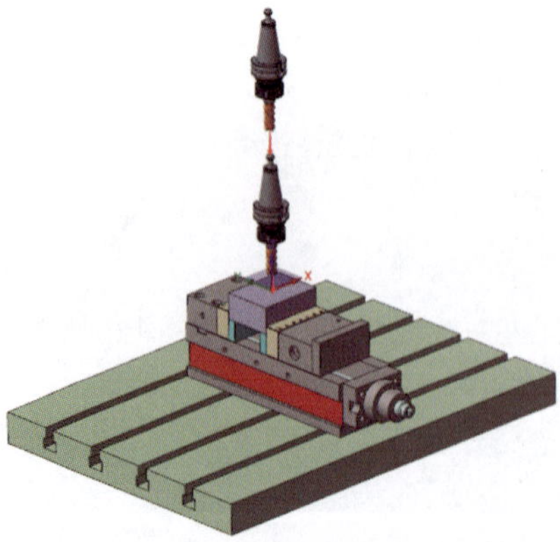 对于 Z 轴顶面，是否根据刀具离工件的距离调整移动倍率？ □是 □否 是否正确记录 Z 轴顶面机床坐标值？ □是 □否	

<table>
<tr><th>序号</th><th>训 练 内 容</th><th>备注</th></tr>
<tr><td>3</td><td>

(4) 请根据对刀得到的 Z 顶坐标值推算出工件坐标系 Z 坐标值，并输入到 G54 坐标系中。

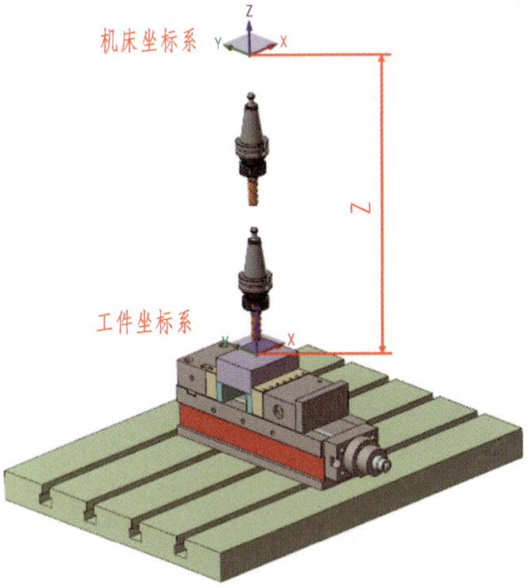

是否正确计算出 G54 坐标系中的 Z 坐标值?

□是

□否

是否正确输入 G54 坐标系中的 Z 坐标值?

□是

□否

</td><td></td></tr>
<tr><td>4</td><td>

数控铣床对刀操作的数学计算。

长 50 mm、宽 40 mm、高 30 mm 的方形毛坯在数控铣床上的装夹示意图如下，设工件坐标原点 O 在毛坯上顶面对称中心。

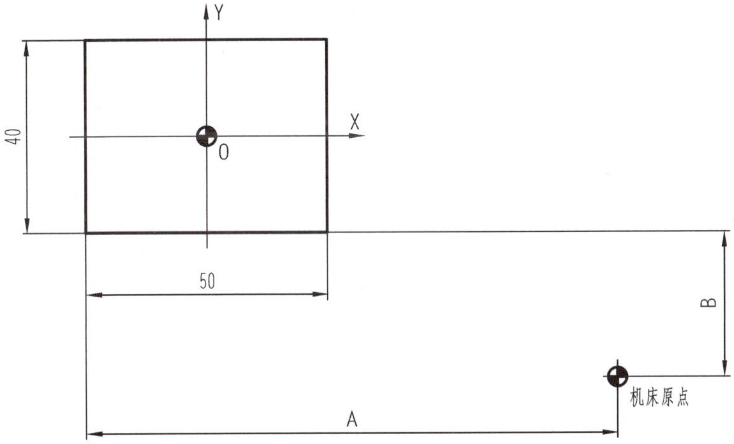

用直径为 10 mm 的铣刀试切毛坯左侧面，得到的 X 轴机床坐标值为 −278.866，试切毛坯前面，得到的 Y 轴机床坐标值为 −168.985，试回答如下问题。

(1) 图中 A 的尺寸是(　　)。

A. 268.866　B. 278.866　C. 228.866　D. 273.866

(2) 图中 B 的尺寸是(　　)。

A. −173.985　B. −163.985　C. −158.985　D. −178.985

(3) 工件坐标原点的 X、Y 机床坐标值是______。

</td><td></td></tr>
</table>

（11）学习【链接知识 J301 数控铣削基本编程知识】。

（12）完成【专项训练 J301 数控铣削基本编程知识】，如表 10.2.6 所示。

表 10.2.6　专项训练 J301 数控铣削基本编程知识

序号	训练内容	备注
1	请根据程序填空。 O3001 %3001 N10 G54 G90 G00 X-20　Y-20 N20 M03 S600 N30 G43 H01 Z100 N40　Z5 N50 G01 Z-5 F80 N60 G41 X0　D01 N70 Y30 N80 G03 X10 Y40 R10 N90　G01　X40 N95　Y0 N100　X-20 N110　G40 Y-20 N120　G00 Z100 N130　M05 N140　M30 该程序的文件名为：________。 该程序的程序号为：________。 该程序包含________个程序段。 程序段“N10 G54 G90 G00 X-20 Y-20”中含有________个指令字。 该程序中出现了________________这几种功能字。 指令字“S600”中的字母“S”是________功能字。 程序段“N90 G03 X40 Y20 R20”中有________个尺寸字。 该程序的结束符为________________________。	
2	请在数控系统中输入下列程序，完成程序校验，并在空白处绘制刀具轨迹草图。 程序段号　　程序 %1 N1　G54　G00　Z50 N2　M03　S1000	

序号	训练内容	备注
2	程序段号　程序 N3　G00　X-27.424　Y12.162 N4　G00　Z5 N5　G01　Z-2　F100 N6　G03　X-27.8　Y17.739　R6 N7　G02　X-12.642　Y30.458　R10 N8　G03　X-7.215　Y29.12　R6 N9　G02　X7.215　Y32.392　R30 N10　G03　X12.642　Y30.458　R6 N11　G02　X27.8　Y17.739　R10 N12　G03　X27.424　Y12.162　R6 N13　G02　X-27.424　Y17.739　R-30 N14　G00　Z50 N15　X0　Y0 N16　M05 N17　M30 请在下面空白处绘制刀具轨迹草图。	

(13) 学习【链接知识 J302 G00、G01 指令的应用】。

(14) 完成【专项训练 J302 G00、G01 指令的应用】,如表 10.2.7 所示。

表 10.2.7 专项训练 J302 G00、G01 指令的应用

<table>
<tr><th>序号</th><th>训练内容</th><th>备注</th></tr>
<tr><td>1</td><td>

请根据图示填写表格。

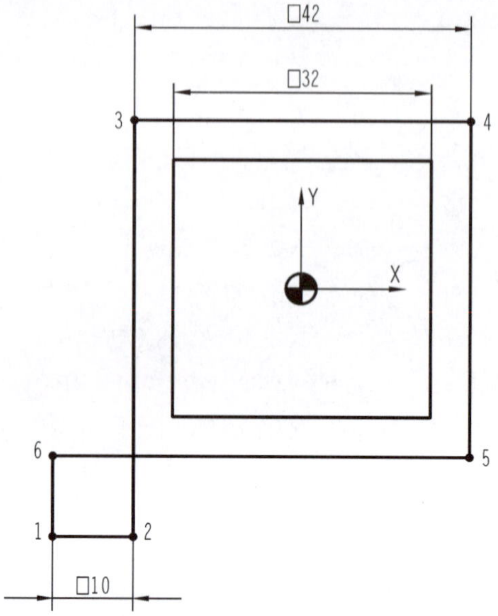

(1) 请填写各节点坐标。

点　绝对坐标值(G90 方式)　增量坐标值(G91 方式)

X　Y　Z　X　Y　Z

1 ______

2 ______

3 ______

4 ______

5 ______

6 ______

(2) 请补全程序。

绝对坐标编程	注释
OSMP1	程序名
%1111	程序号
G54 G90 G21	选择工件坐标系，设定编程方式
M03 S____	主轴正转，每分钟 3000 转
G00 Z100	Z 轴抬到安全高度
G00 X____ Y____	快速定位到 1 点
G00 Z____	Z 轴快速定位至慢速下刀起点 Z5 位置
G01 Z____ F____	Z 轴慢速下刀至 Z-5，下刀速度为每分钟 200 毫米
G01 X____ Y____ F1000	从 1 点到 2 点

</td><td></td></tr>
</table>

续表

序号	训练内容	备注
1	G01 X____ Y____ 从 2 点到 3 点 G01 X____ Y____ 从 3 点到 4 点 G01 X____ Y____ 从 4 点到 5 点 G01 X____ Y____ 从 5 点到 6 点 G01 X____ Y____ 从 6 点到 1 点 G00 Z100 Z 轴抬到安全高度 M05 主轴停转 M30 程序结束	
2	请根据提示完成图片与内容的连线。 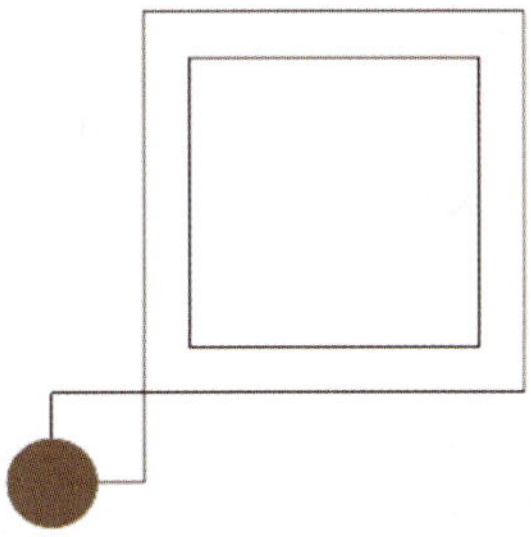 从 1 点到 2 点 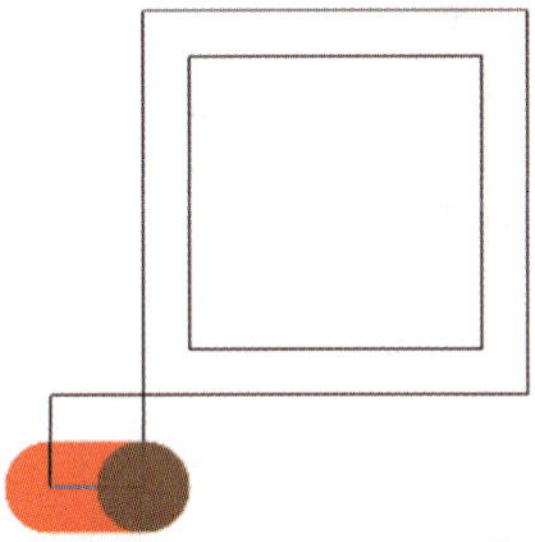 从 4 点到 5 点 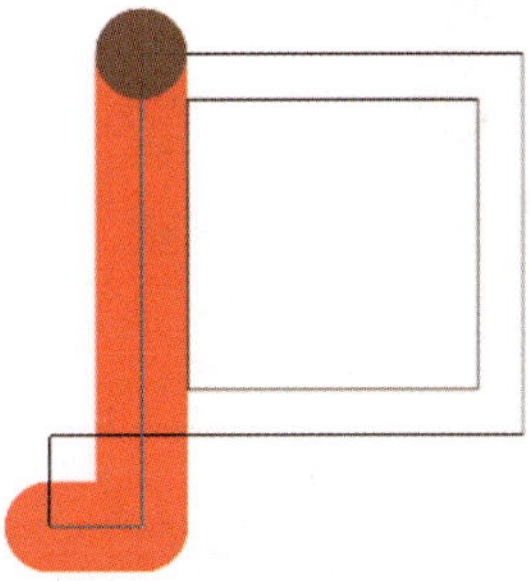 从 5 点到 6 点	

续表

序号	训练内容	备注
2	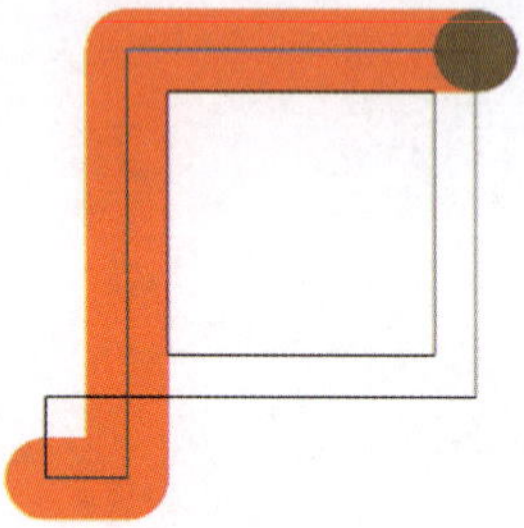 快速定位到 1 点 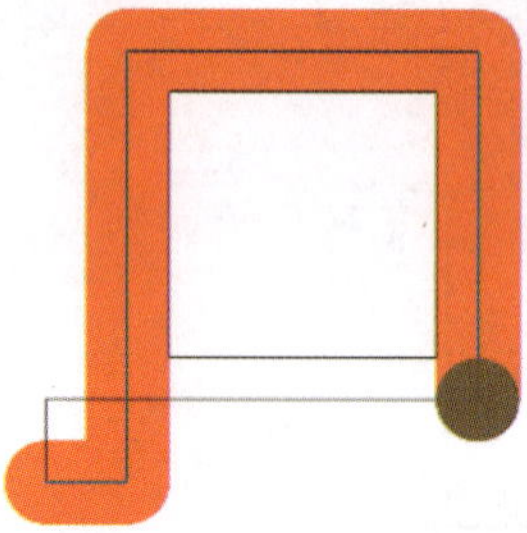 从 2 点到 3 点 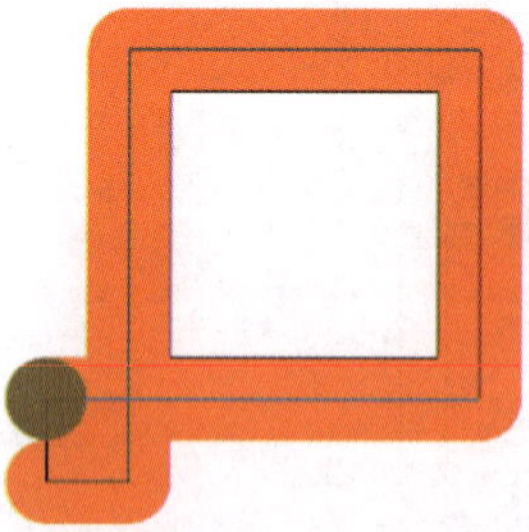 从 6 点到 1 点 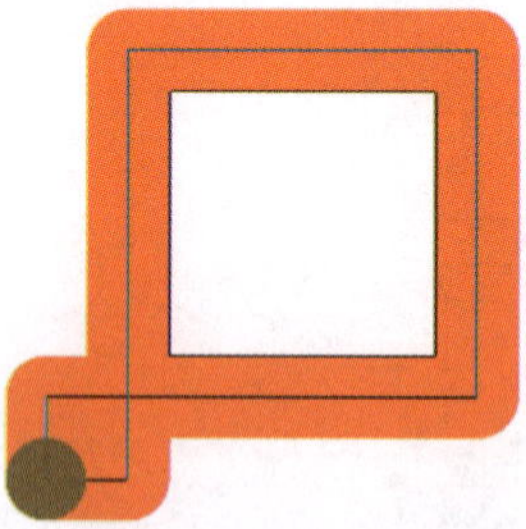 从 3 点到 4 点	

(15) 完成镂空魔方毛坯的装夹，如图 10.2.2 所示。

(16) 完成 X－方向轴试切对刀，使用 $\phi10$ 刀具，伸出长度为 35 mm，如图 10.2.3 所示。

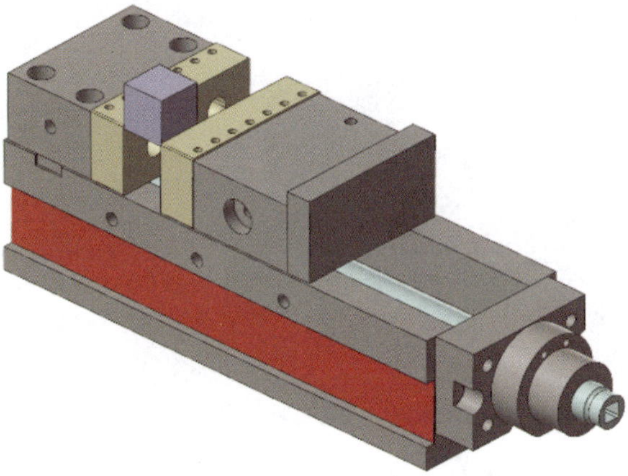

图 10.2.2　零件装夹示意图

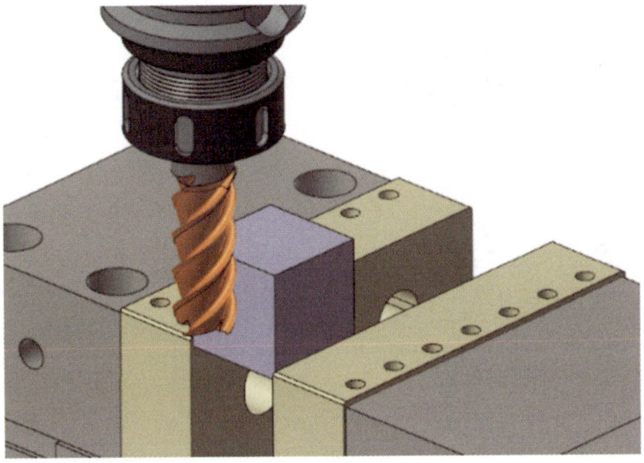

图 10.2.3　X－方向轴试切对刀示意图

（17）完成 X＋方向轴试切对刀，如图 10.2.4 所示。

图 10.2.4　X＋方向轴试切对刀示意图

(18) 完成 Y－方向轴试切对刀，如图 10.2.5 所示。

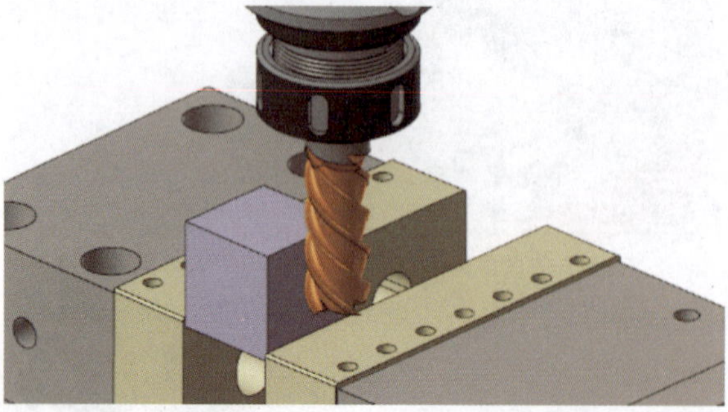

图 10.2.5　Y－方向轴试切对刀示意图

(19) 完成 Y＋方向轴试切对刀，如图 10.2.6 所示。

图 10.2.6　Y＋方向轴试切对刀示意图

(20) 完成 Z＋方向轴试切对刀，如图 10.2.7 所示。

图 10.2.7　Z＋方向轴试切对刀示意图

(21) 将“OSMP1”程序输入机床，并加工第一层，使用刀具 $\phi10$，如图 10.2.8 所示。

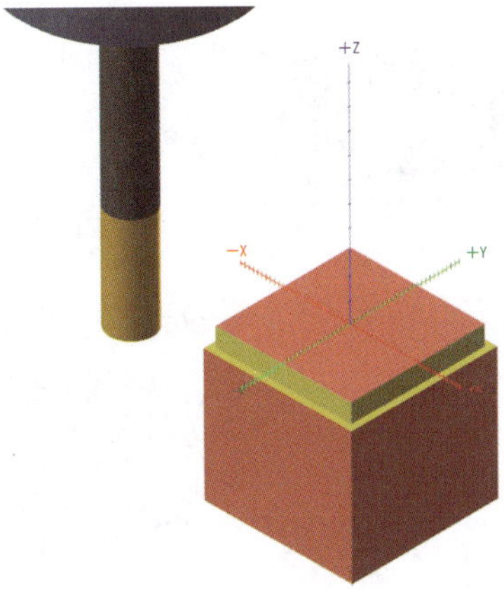

图 10.2.8　第一层加工示意图

(22) 每次增量叠加 Z 值，直至加工到 Z－32，如图 10.2.9 所示。

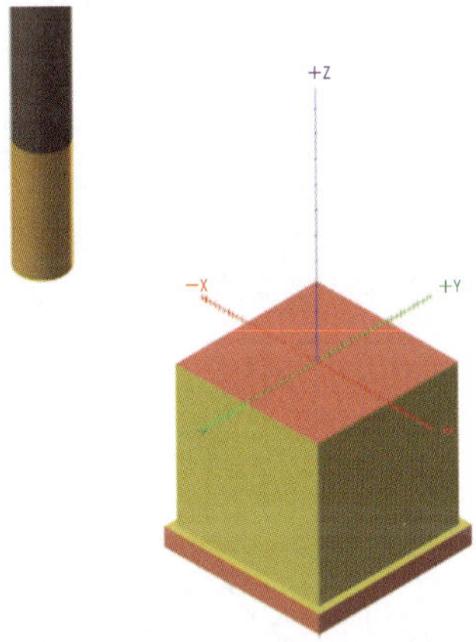

图 10.2.9　Z－32 加工示意图

(23) 翻面装夹工件，用 34 mm 平行垫铁垫平工件，并用尼龙锤敲紧工件，如图 10.2.10 所示。

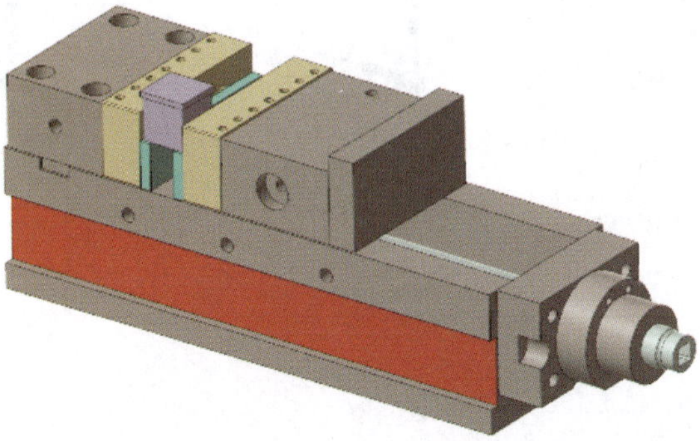

图 10.2.10　翻面装夹示意图

（24）用 $\phi50$ 面铣刀铣平面，并用深度尺进行测量，从而保证 32 mm 的总高，如图 10.2.11 所示。

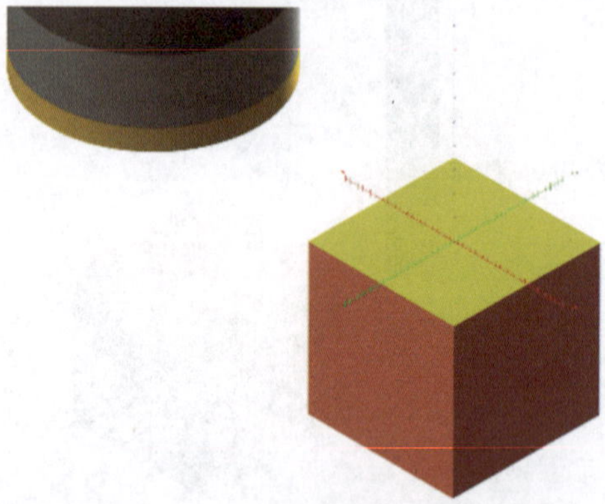

图 10.2.11　铣刀刷面示意图

（25）学习【链接知识 J303 G02、G03 指令的应用】。

（26）完成【专项训练 J303 G02、G03 指令的应用】，如表 10.2.8 所示。

表 10.2.8　专项训练 J303 G02、G03 指令的应用

<table>
<tr><th>序号</th><th>训练内容</th><th>备注</th></tr>
<tr><td>1</td><td>请根据下图所示坐标平面中的圆弧轮廓图形填写圆弧编程指令。
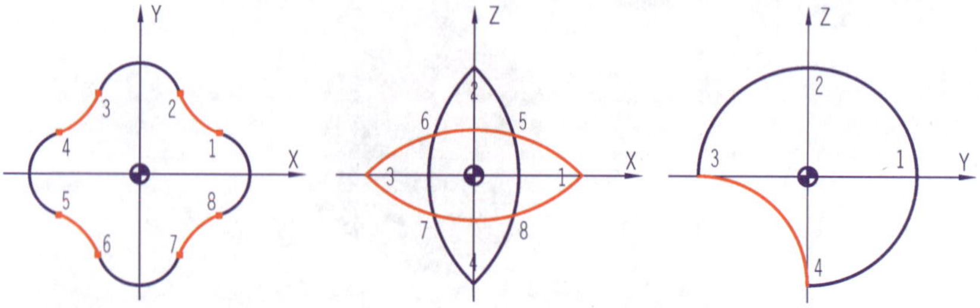

图A G17平面　图B G18平面　图C G19平面
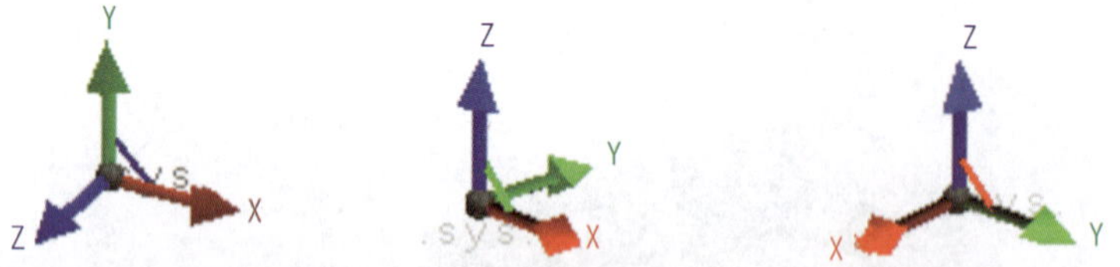

(1) 图 A(G17 平面)。
圆弧方向　编程指令
圆弧 12 ________
圆弧 23 ________
圆弧 87 ________
圆弧 76 ________</td><td></td></tr>
</table>

续表

<table>
<tr><th>序号</th><th>训练内容</th><th>备注</th></tr>
<tr><td>1</td><td>(2) 图 B(G18 平面)。
圆弧方向　　编程指令
圆弧 1563 ______
圆弧 1873 ______
圆弧 2674 ______
圆弧 2584 ______
(3) 图 C(G19 平面)。
圆弧方向　　编程指令
圆弧 4123 ______
劣弧 43 ______
圆弧 3214 ______
劣弧 34 ______</td><td></td></tr>
<tr><td>2</td><td>(1) 请补全下图所示梅花槽的程序并输入机床进行图形校验。
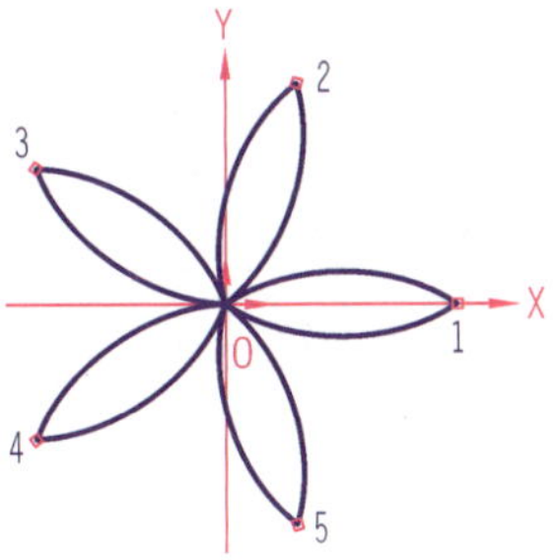

第 1 个点坐标：X=25.000　Y=0.000
第 2 个点坐标：X=7.725　Y=23.776
第 3 个点坐标：X=－20.225　Y=14.695
第 4 个点坐标：X=－20.225　Y=－14.695
第 5 个点坐标：X=7.725　Y=－23.776
半径 R 为 25 mm。
绝对坐标编程　　注释
%2222　　程序头
G54　G90　G21　　选择工件坐标系
G00　Z100　　Z 轴抬至安全高度
G00　Z5　　Z 轴快速定位至慢速下刀位置 Z5
G00　X0　Y0　　快速定位到 0 点
G01　Z0　F200　　Z 轴慢速下刀至 Z0，进给速度为每分钟 200 毫米</td><td></td></tr>
</table>

项目十 镂空魔方的绘图与制作

续表

序号	训练内容	备注
2	G03　X25　Y0　R25　F500　从 0 点到 1 点 G03　X0　Y0　R25　从 1 点到 0 点 G03　X______　Y______　R25　从 0 点到 2 点 G03　X______　Y______　R25　从 2 点到 0 点 G03　X______　Y______　R25　从 0 点到 3 点 G03　X______　Y______　R25　从 3 点到 0 点 G03　X______　Y______　R25　从 0 点到 4 点 G03　X______　Y______　R25　从 4 点到 0 点 G03　X______　Y______　R25　从 0 点到 5 点 G03　X______　Y______　R25　从 5 点到 0 点 G00　Z100　Z 轴抬到安全高度 M05　主轴停转 M30　程序结束 （2）在主轴上装一支笔，将程序输入数控铣床，完成对刀、校验后，用机床在下面空白处画出图案。	
3	根据已知条件完善下图内容。 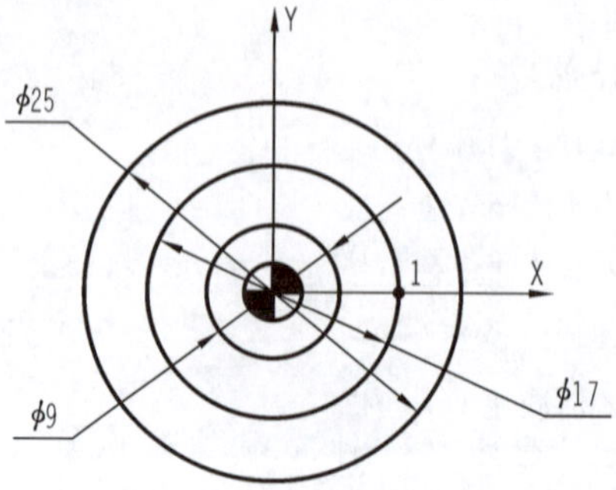 	

<table>
<tr><th>序号</th><th>训练内容</th><th>备注</th></tr>
<tr><td>3</td><td>(1) 完成填空。
① 点 1 坐标:X ______ Y ______。
② 以 1 点为起点,顺时针加工 $\phi17$ 整圆:G ____ I ____ J ____。
③ 以 1 点为起点,逆时针加工 $\phi17$ 整圆:G ____ I ____ J ____。
(2) 补全下列程序。
绝对坐标编程 注释
OXC1 程序名
%1111 程序头
G54 G90 G21 选择工件坐标系,设定编程方式
M03 S ____ 主轴正转,每分钟 3000 转
G00 Z100 Z 轴抬到安全高度
G00 X ____ Y ____ 快速定位到 1 点
G00 Z ____ Z 轴快速定位至慢速下刀起点 Z5 位置
G01 Z ____ F ____ Z 轴慢速下刀至 Z1,下刀速度为每分钟 200 毫米
G ____ I ____ J ____
Z-10 L22 F 顺时针走螺旋线加工环槽,深度 Z-10,旋转次数为 22 次,进给速度为每分钟 1000 毫米
G ____ I ____ J ____ 顺时针走整圆,补平底部
G00 Z100 Z 轴抬到安全高度
M05 主轴停转
M30 程序结束</td><td></td></tr>
</table>

(27) 完成 Y 方向的对刀,如图 10.2.12 所示。

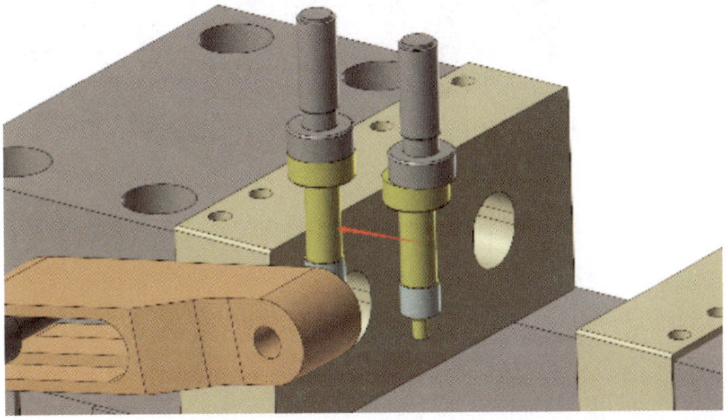

图 10.2.12 Y 方向对刀示意图

(28) 完成 X 方向的对刀，如图 10.2.13 所示。

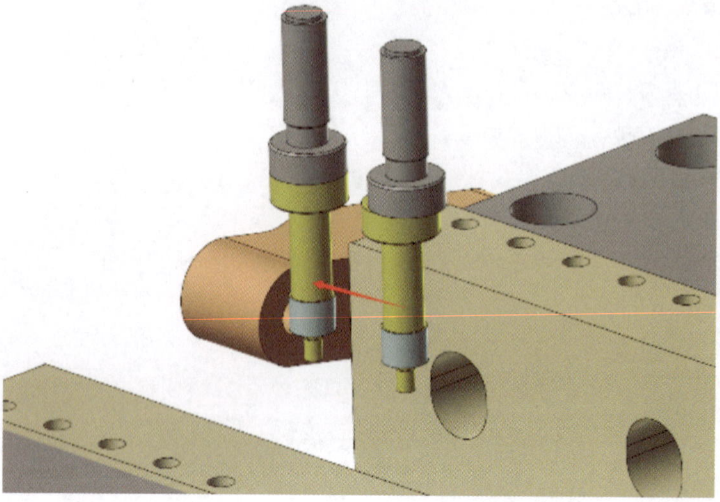

图 10.2.13　X 方向对刀示意图

(29) 安装毛坯，如图 10.2.14 所示。

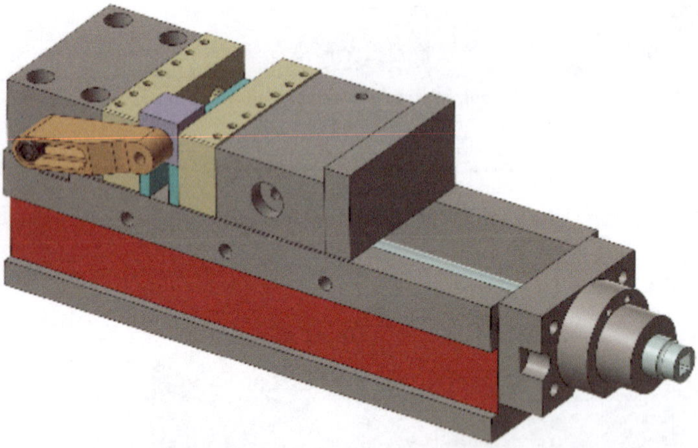

图 10.2.14　安装毛坯示意图

(30) 将“OXC1”程序输入机床，并更改外部零点偏置，X 设为 16，Y 设为－16。

(31) 完成 Z 方向的对刀，如图 10.2.15 所示。

(32) 加工第一个圆槽，如图 10.2.16 所示。

(33) 加工其余三个圆槽，如图 10.2.17 所示。

图 10. 2. 15　Z 方向对刀示意图

图 10. 2. 16　第一个圆槽加工示意图

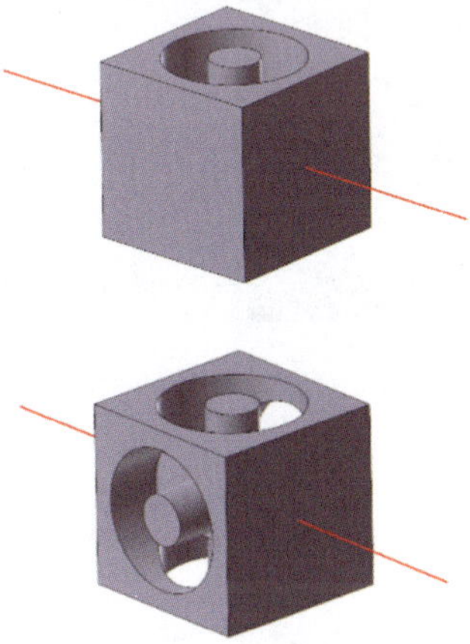

图 10. 2. 17　其余圆槽加工示意图

(34) 完成第 5 面圆槽的加工，如图 10.2.18 所示。

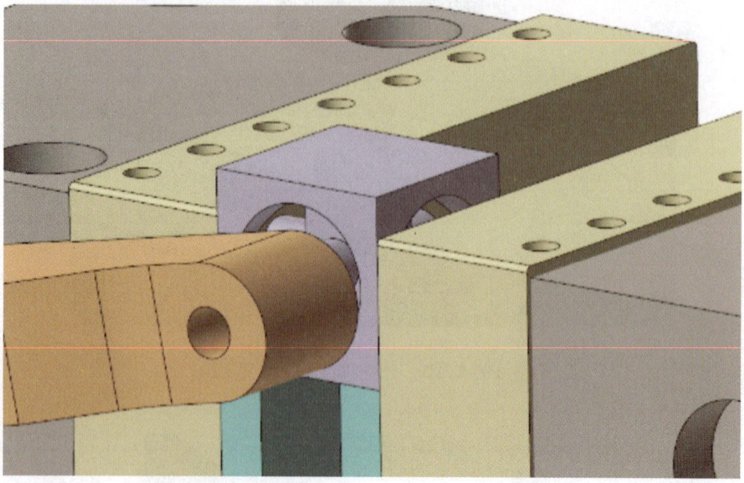

图 10.2.18　第 5 面圆槽加工示意图

(35) 加工第 6 面圆槽，由此完成镂空魔方的加工，如图 10.2.19 所示。

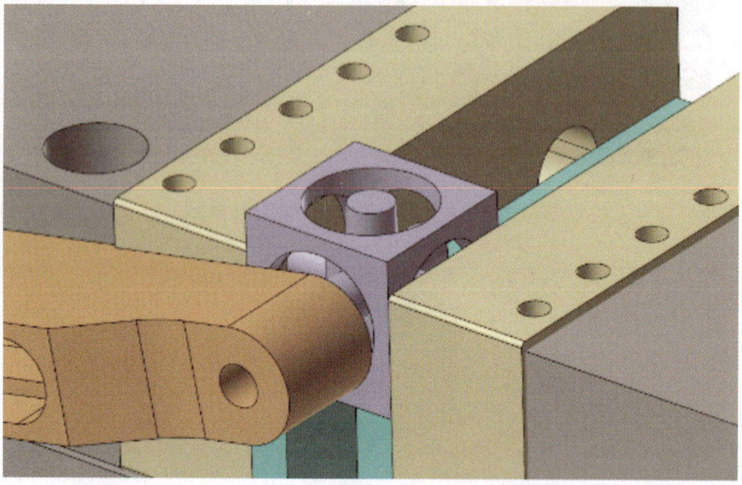

图 10.2.19　镂空魔方的完工示意图

【任务评价】

完成【任务 2 制作镂空魔方】任务后，请如实填写表 10.2.9 和表 10.2.10。

表 10.2.9 【制作镂空魔方】任务评价表

评价项目	评价标准	评价等级		
数控铣床手动操作	熟练掌握	A□	B□	C□
虎钳的安装与校正	熟练掌握	A□	B□	C□
数控铣床对刀操作	熟练掌握	A□	B□	C□
数控铣床编程基础	熟练掌握	A□	B□	C□
G00、G01 指令的应用	熟练掌握	A□	B□	C□
圆弧插补 G02、G03 指令的应用	熟练掌握	A□	B□	C□
镂空魔方的毛坯制作	熟练掌握	A□	B□	C□
镂空魔方内孔的铣削	熟练掌握	A□	B□	C□
工作表	按时、规范、正确	A□	B□	C□

表 10.2.10 【制作镂空魔方】8S 评价表

序号	项目	自评	组长评价	教师评价
1	整理(SEIRI)	A□ B□ C□	A□ B□ C□	A□ B□ C□
2	整顿(SEITON)	A□ B□ C□	A□ B□ C□	A□ B□ C□
3	清扫(SEISO)	A□ B□ C□	A□ B□ C□	A□ B□ C□
4	清洁(SEIKETSU)	A□ B□ C□	A□ B□ C□	A□ B□ C□
5	素养(SHITSUKE)	A□ B□ C□	A□ B□ C□	A□ B□ C□
6	安全(SAFETY)	A□ B□ C□	A□ B□ C□	A□ B□ C□
7	节约(SAVE)	A□ B□ C□	A□ B□ C□	A□ B□ C□
8	学习(STUDY)	A□ B□ C□	A□ B□ C□	A□ B□ C□

注：评价等级中的“A”对应“好”、“B”对应“一般”、“C”对应“差”。

学生：________　　组长：________　　教师：________

项目十一　坚果夹的绘图与制作

任务1　绘制坚果夹

【任务描述】

根据坚果夹模型，了解其结构并用绘图软件完成零件图纸的绘制，如图 11.1.1 和图 11.1.2 所示。

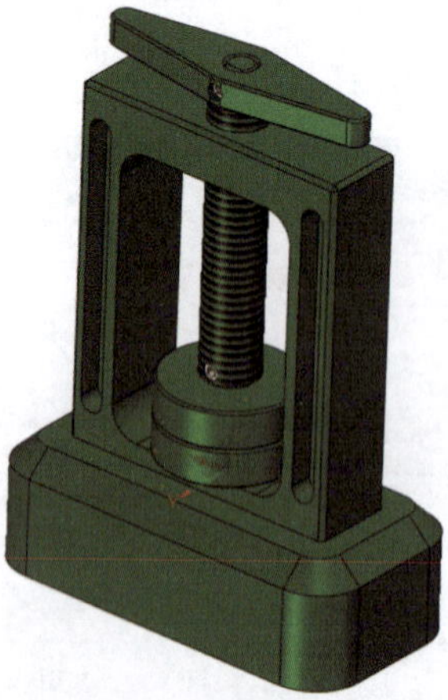

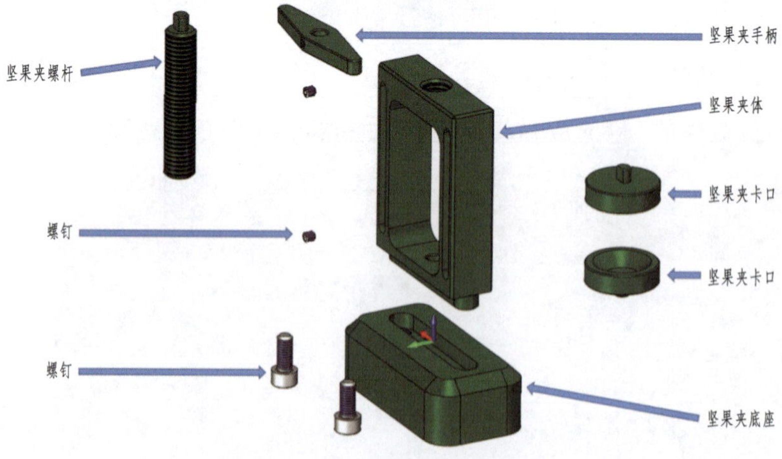

图 11.1.1　坚果夹的三维模型图

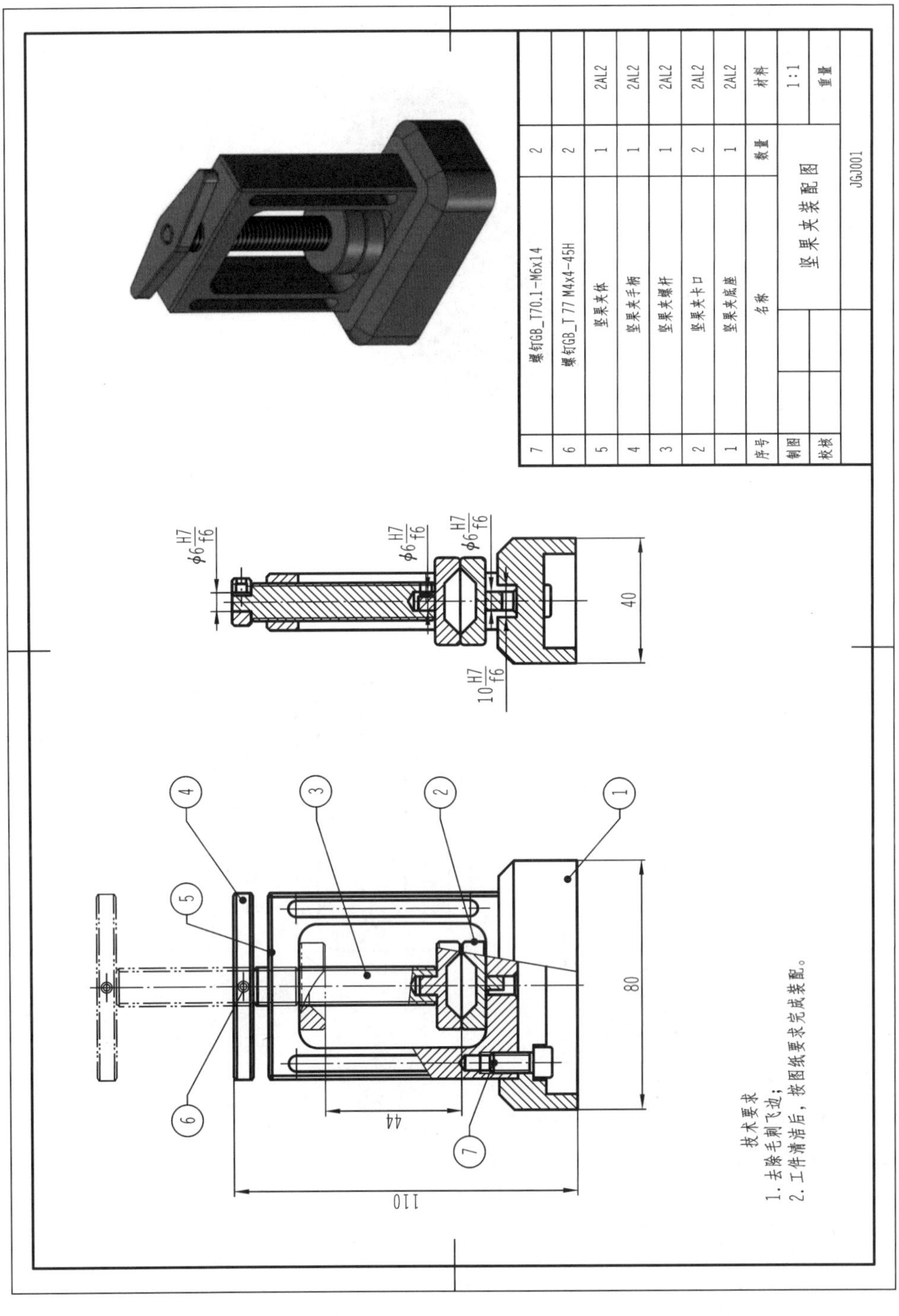

图 11.1.2 坚果夹零件图

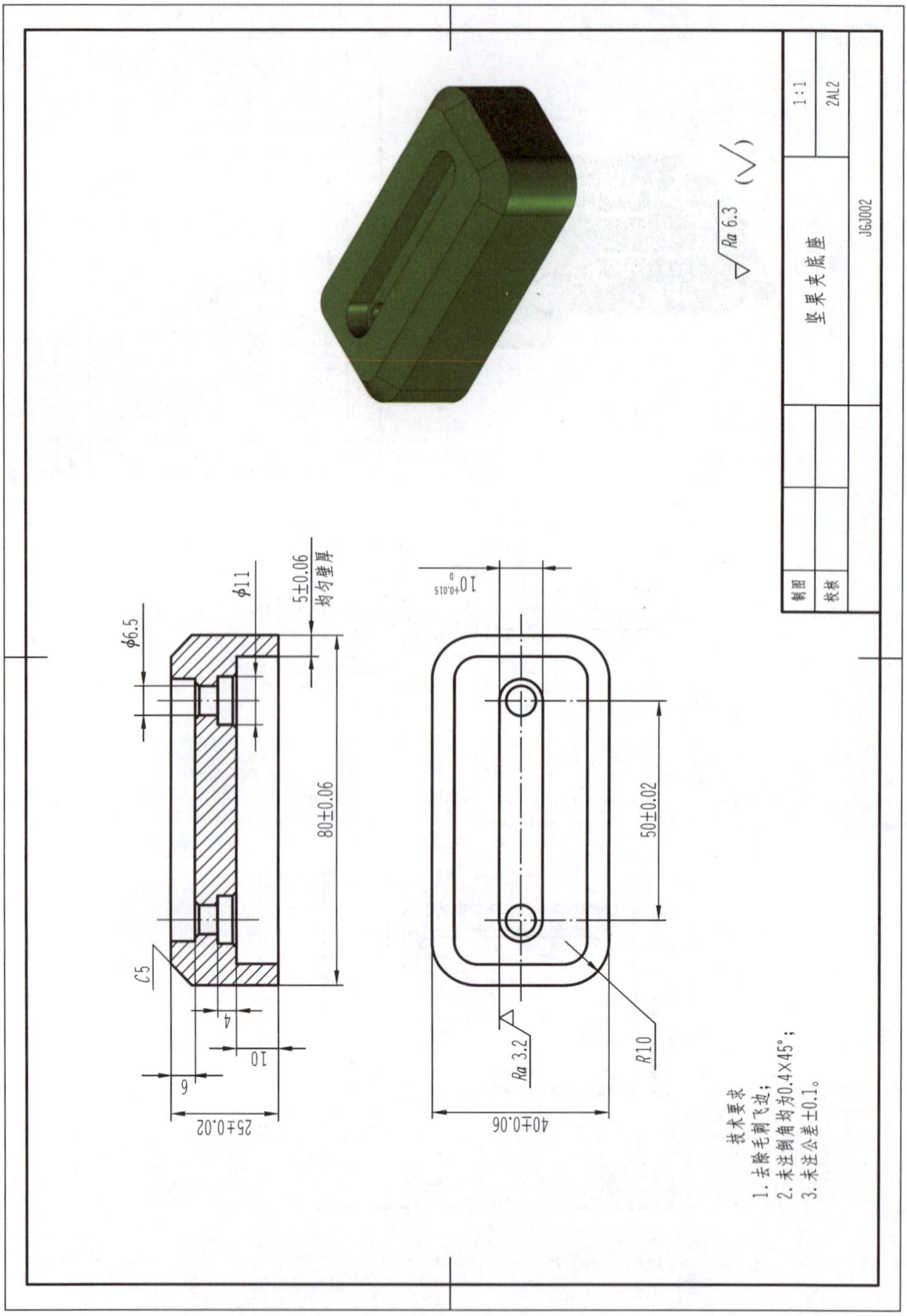

坚果夹底座
1:1
2AL2
JGJ002
制图
校核
Ra 6.3
(√)
φ6.5
φ11
5±0.06
均匀壁厚
80±0.06
C5
4
10
6
25±0.02
$10^{+0.015}_{0}$
50±0.02
R10
Ra 3.2
40±0.06
技术要求
1. 去除毛刺飞边；
2. 未注倒角均为0.4×45°；
3. 未注公差±0.1。

续图 11.1.2

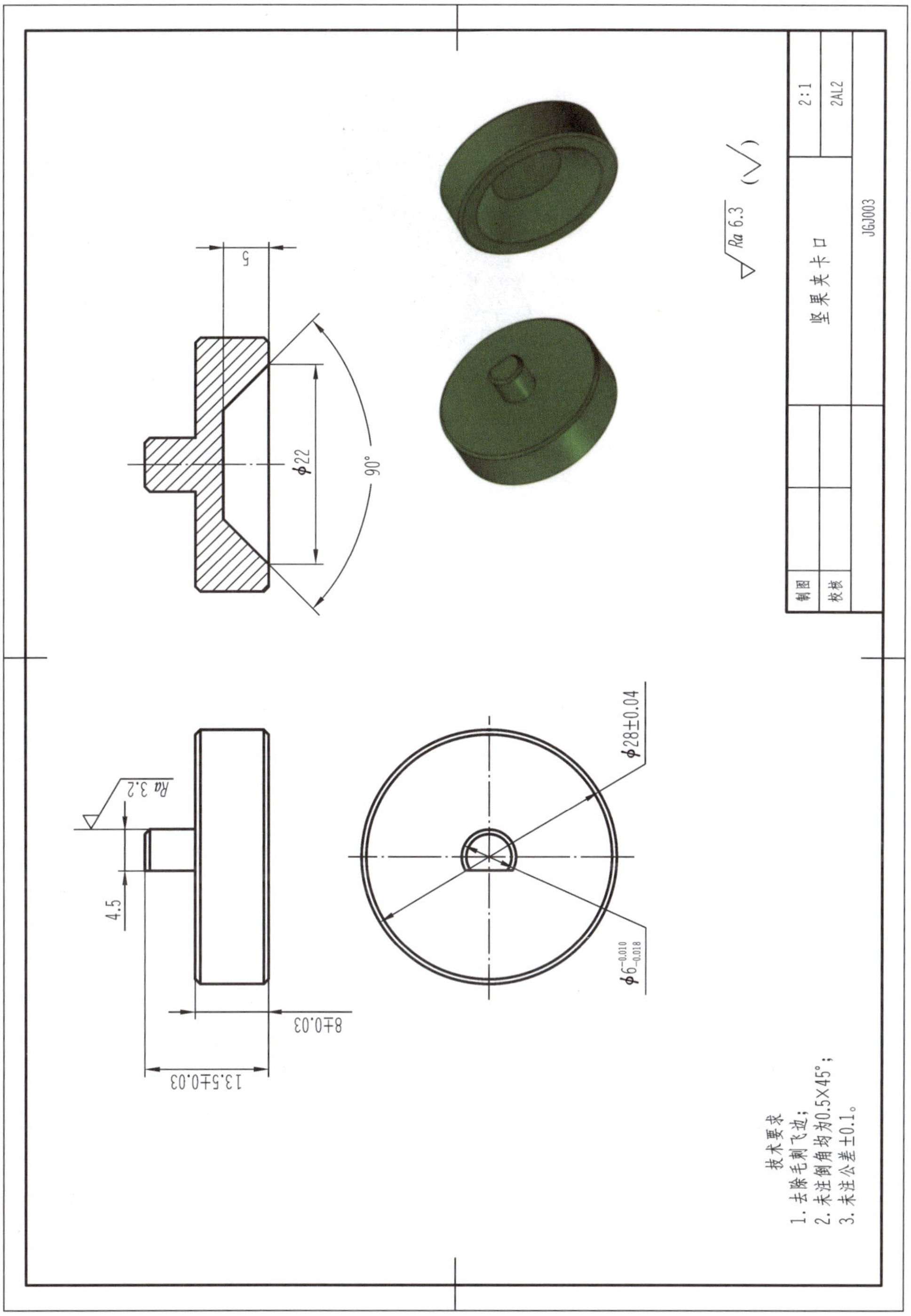

技术要求
1. 去除毛刺飞边；
2. 未注倒角均为0.5×45°；
3. 未注公差±0.1。
13.5±0.03
8±0.03
4.5
Ra 3.2
φ28±0.04
φ6−0.010 −0.018
φ22
90°
5
Ra 6.3 (√)
坚果夹卡口
JGJ003
2:1
2AL2
制图
校核

续图 11.1.2

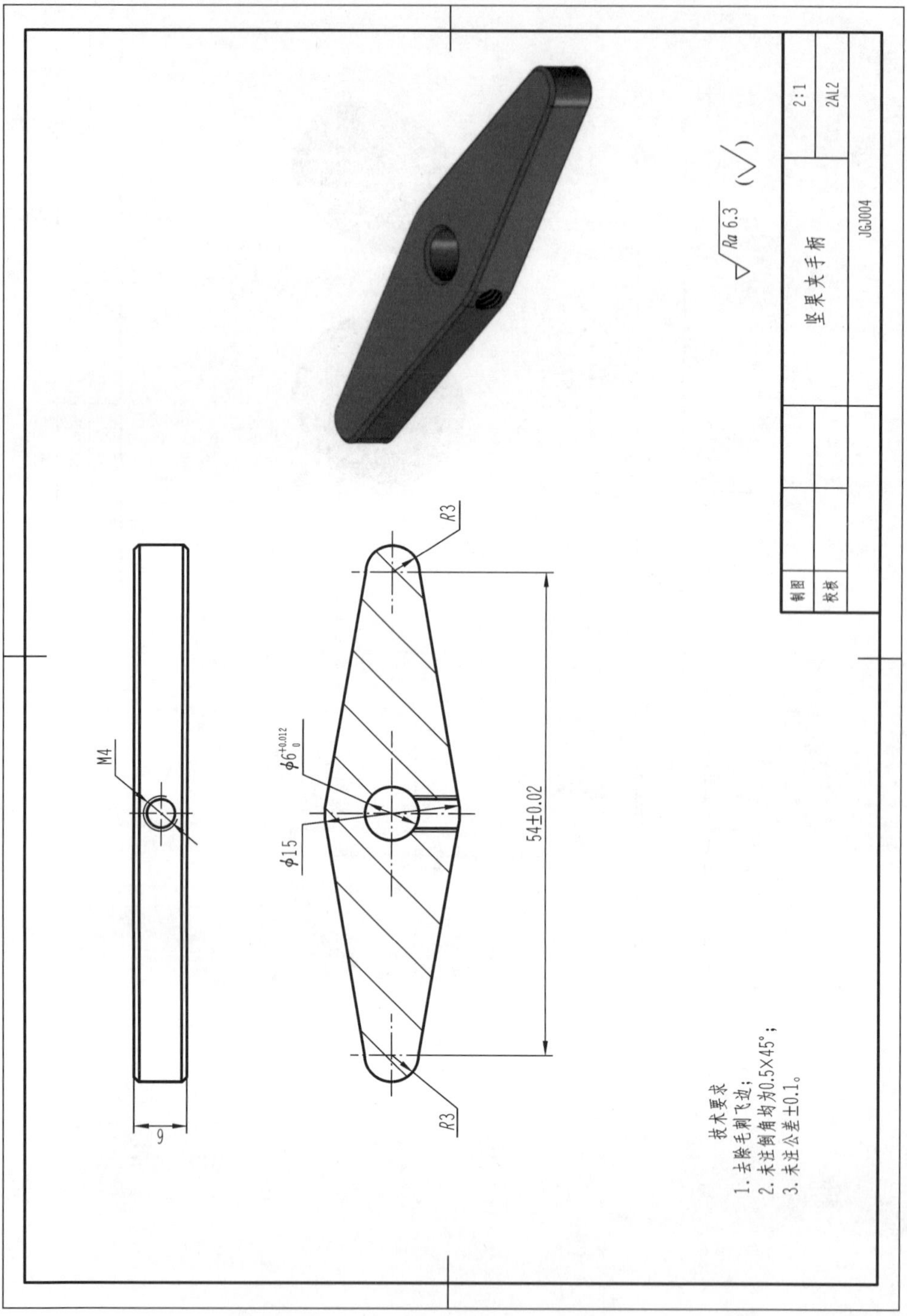
坚果夹手柄
2:1
2AL2
JGJ004
制图
校核
Ra 6.3
技术要求
1. 去除毛刺飞边；
2. 未注倒角均为0.5×45°；
3. 未注公差±0.1。
M4
φ15
54±0.02
R3
R3
9

续图 11.1.2

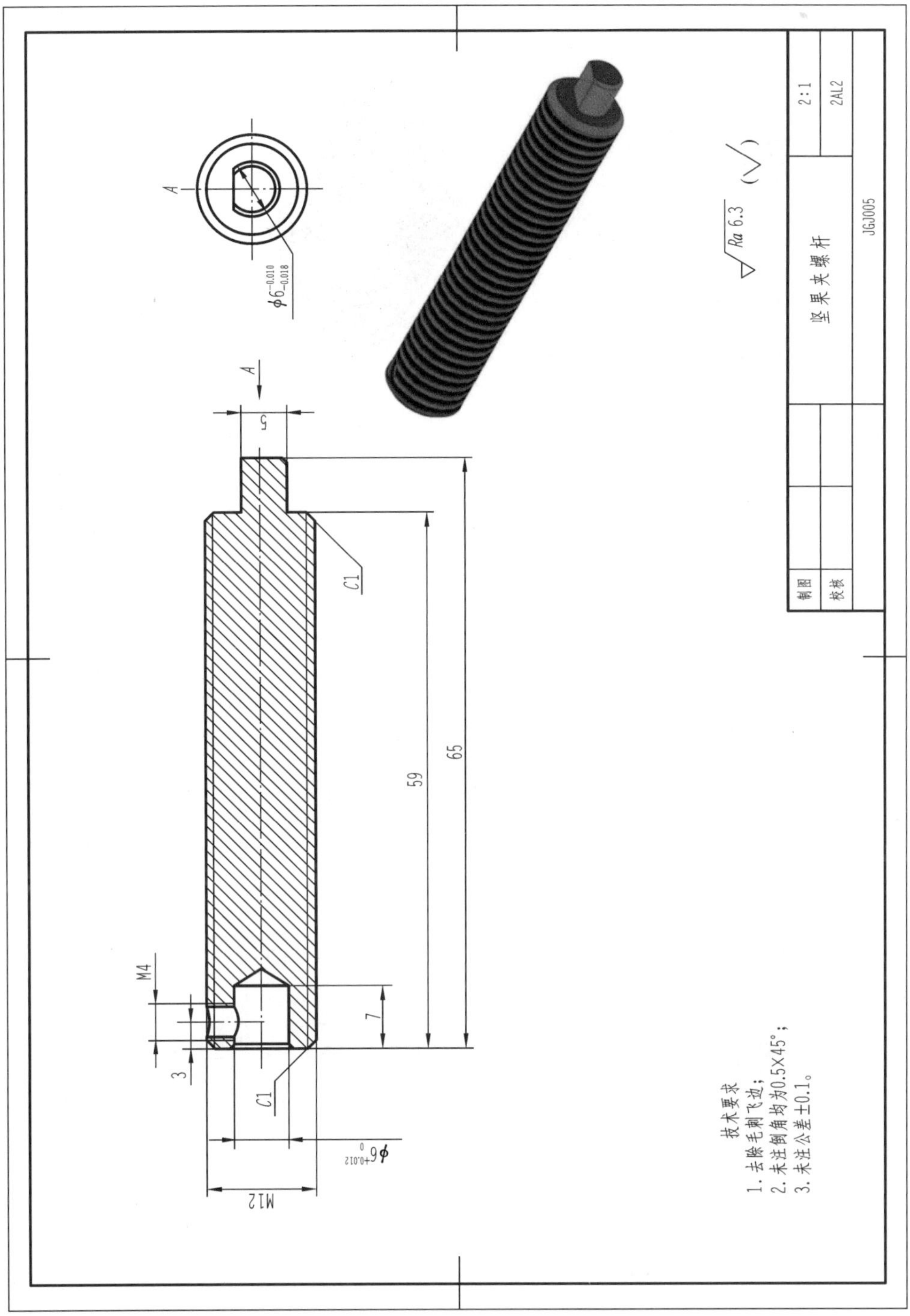
技术要求
1.去除毛刺飞边;
2.未注倒角均为0.5X45°;
3.未注公差±0.1。
Ra 6.3
坚果夹螺杆
2:1
2AL2
JGJ005
制图
校核
M12
M4
59
65
C1
A

续图 11.1.2

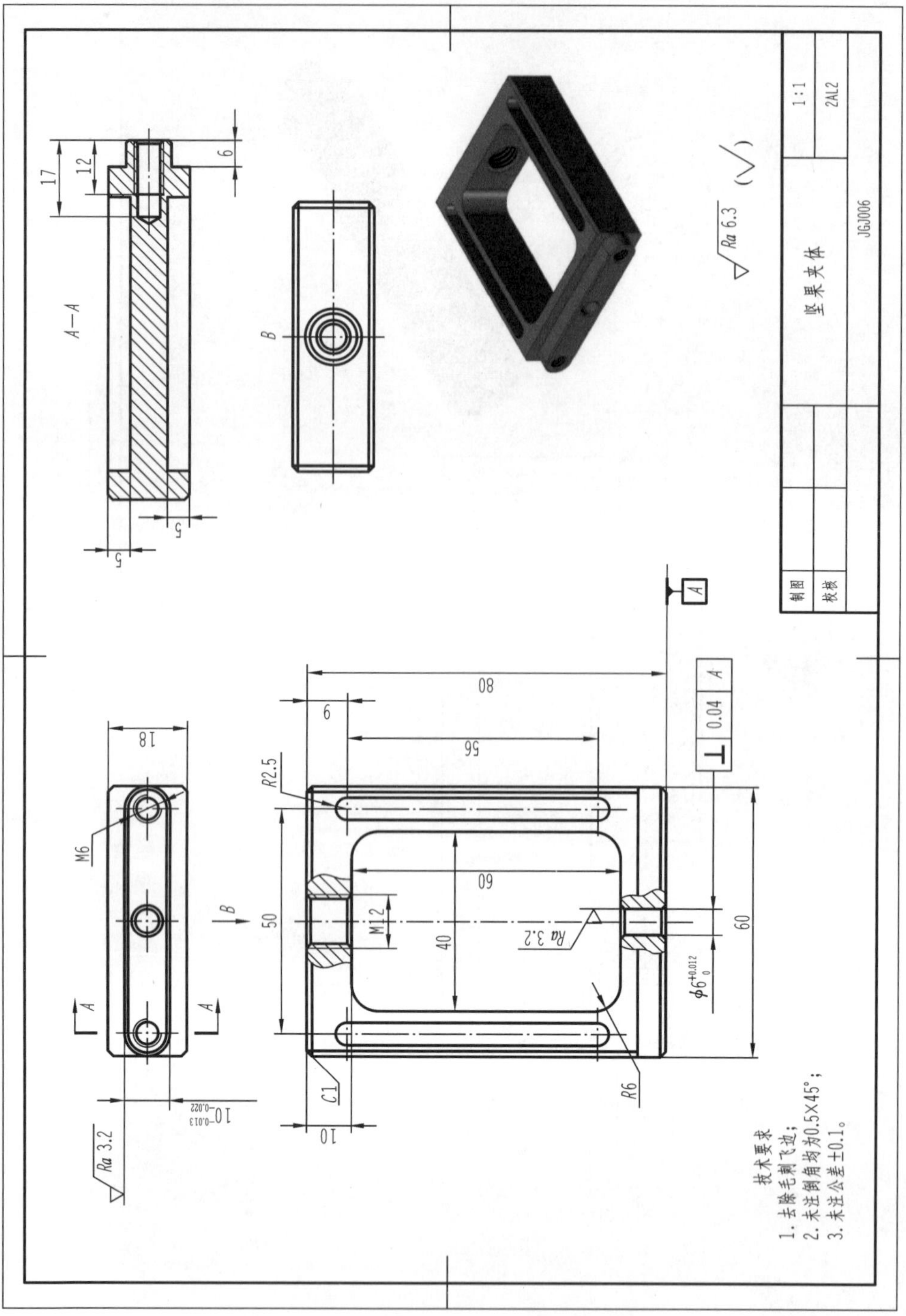
A—A
17
12
6
5
5
B
18
M6
A
A
Ra 3.2
10 -0.013 -0.022
80
6
56
R2.5
50
M12
40
60
Ra 3.2
φ6 +0.012 0
60
⊥ 0.04 A
A
C1
10
R6
Ra 6.3 (√)
1:1
2AL2
JGJ006
坚果夹体
制图
校核
技术要求
1. 去除毛刺飞边；
2. 未注倒角均为0.5×45°；
3. 未注公差±0.1。

续图 11.1.2

【知识目标】

零件图(A6)。

【技能目标】

坚果夹图纸的绘制。

【任务准备】

坚果夹模型电子档、中望 3D 软件、电脑、打印机、A4 纸等。

【任务实施】

(1) 复习链接知识 A601 至 A603 中与零件图相关的知识。

(2) 完成【专项训练 A6 零件图】,如表 11.1.1 所示。

表 11.1.1　专项训练 A6 零件图

序号	训练内容	备注
1	分析坚果夹底座零件图,并回答问题。 (1) 该零件采用了哪些视图? ____________________ ____________________ (2) 指出该零件在长宽高三个方向的主要尺寸基准,并在图上用△标出来。 ____________________ ____________________ (3) 图中 25±0.02 表示:25 是______尺寸,其最小极限尺寸是______,该尺寸合格的条件是____________。 (4) 说明符号 Ra 3.2 的含义:____________________ (5) 制作该零件用______材料,选择的毛坯大小为______。	

续表

序号	训练内容	备注
2	分析坚果夹卡口零件图，并回答问题。 (1) 一张完整的零件图一般包含哪些内容？ ____________________ ____________________ (2) 该零件为______类零件。（轴套、盘盖、叉架、箱壳） (3) 主视图的选择原则是什么？ ____________________ ____________________ (4) 分析坚果夹卡口图纸是否标准规范，若不规范，请在图中圈出不规范的位置并注明原因。 ____________________ ____________________ ____________________ ____________________	

(3) 完成【专项训练 A605 零件的工艺结构】，如表 11.1.2 所示。

表 11.1.2 专项训练 A605 零件的工艺结构

序号	训练内容	备注
1	请问机械加工工艺对工件的钻孔端面有哪些要求？ ____________________ ____________________ ____________________ ____________________ ____________________ ____________________ ____________________ ____________________	

续表

<table>
<tr><th>序号</th><th>训练内容</th><th>备注</th></tr>
<tr><td>2</td><td>

现如果要取出开心果果肉，那么坚果夹卡口零件的工艺结构应如何改进？

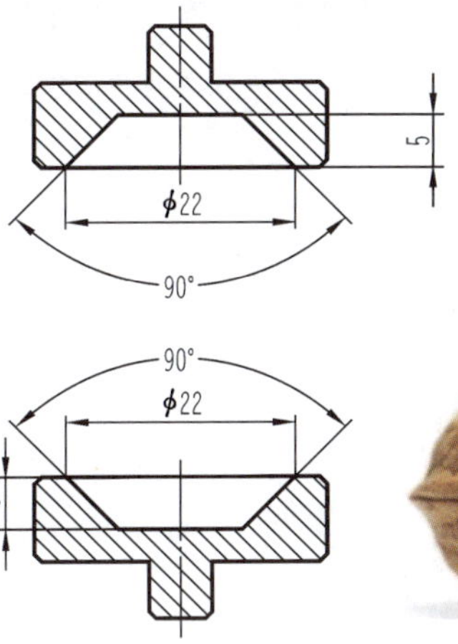

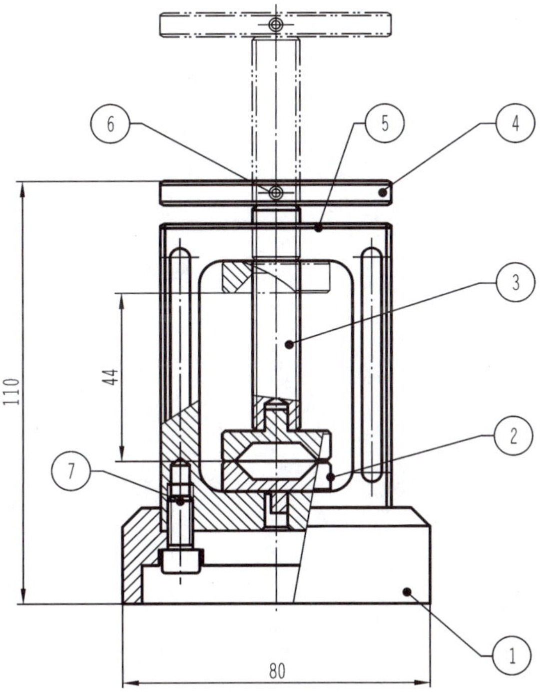

____

____

____

____

</td><td></td></tr>
</table>

（4）复习链接知识 K604 及 K901 至 K907 中的相关知识。

（5）完成【专项训练 K9 坚果夹零件建模及零件图绘制】，如表 11.1.3 所示。

表 11.1.3　专项训练 K9 坚果夹零件建模及零件图绘制

序号	训练内容	备注
1	完成坚果夹所有零件(标准件除外)的软件建模并绘制零件图，将图纸打印并粘贴到表中。 图纸粘贴处	

续表

序号	训练内容	备注
1	图纸粘贴处	

续表

序号	训练内容	备注
1	图纸粘贴处	
2	使用CAD软件绘制坚果夹的零件图及装配图，并将图纸输出为PDF文档，打印留存，完成后在对应的□中打“√”。 绘制任务名称　　操作结果记录 坚果夹底座的零件图　　□已完成 坚果夹卡口的零件图　　□已完成 坚果夹手柄的零件图　　□已完成 坚果夹螺杆的零件图　　□已完成 坚果夹体的零件图　　□已完成 坚果夹的装配图　　□已完成	

【任务评价】

完成【任务1 绘制坚果夹】后，请如实填写在表11.1.4和表11.1.5。

表 11.1.4 【绘制坚果夹】任务评价表

评价项目	评价标准	评价等级		
拆坚果夹	规范、准确	A□	B□	C□
零件摆放	规范	A□	B□	C□
零件清理	规范	A□	B□	C□
装配坚果夹	规范、准确	A□	B□	C□
绘制图纸	规范、准确	A□	B□	C□
整理工作台	干净、整齐	A□	B□	C□

表 11.1.5 【绘制坚果夹】8S 评价表

序号	项目	自评	组长评价	教师评价
1	整理(SEIRI)	A□ B□ C□	A□ B□ C□	A□ B□ C□
2	整顿(SEITON)	A□ B□ C□	A□ B□ C□	A□ B□ C□
3	清扫(SEISO)	A□ B□ C□	A□ B□ C□	A□ B□ C□
4	清洁(SEIKETSU)	A□ B□ C□	A□ B□ C□	A□ B□ C□
5	素养(SHITSUKE)	A□ B□ C□	A□ B□ C□	A□ B□ C□
6	安全(SAFETY)	A□ B□ C□	A□ B□ C□	A□ B□ C□
7	节约(SAVE)	A□ B□ C□	A□ B□ C□	A□ B□ C□
8	学习(STUDY)	A□ B□ C□	A□ B□ C□	A□ B□ C□

注：评价等级中的“A”对应“好”、“B”对应“一般”、“C”对应“差”。

学生：____________ 组长：____________ 教师：____________

任务 2　制作坚果夹

【任务描述】

结合上个任务中所建模的坚果夹文件及图纸，使用中望 3D 软件完成图 11.2.1 所示的坚果夹各零件的自动编程加工制作。

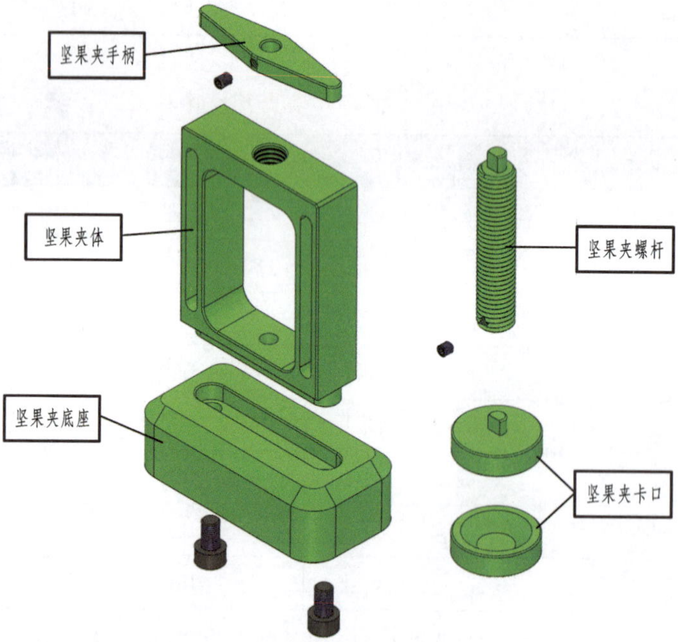

图 11.2.1　坚果夹三维模型拆解图

【知识目标】

(1) 加工系统设置(K801)；

(2) 钻孔(K802)；

(3) 动态开粗(VoluMill3x)(K803.1)；

(4) 平坦面加工 (K803.2)；

(5) 轮廓切削(K804.1)；

(6) 螺旋切削 (K804.2)；

(7) 倒角(K804.3);

(8) 实体仿真(K805);

(9) 添加坐标系(K806);

(10) 编辑后处理(K807);

(11) 程序输出(K808)。

【技能目标】

(1) 中望 3D 的加工模块的基本使用;

(2) 中望 3D 后处理的设置编辑;

(3) 计算机与数控机床的数据传输;

(4) 坚果夹的加工制作。

【任务准备】

电脑、数控加工机床、加工使用刀具及刀柄、量具、扳手、精密虎钳等。

【任务实施】

(1) 学习【链接知识 K801 加工系统设置】。

(2) 完成【专项训练 K801 加工系统设置】,如表 11.2.1 所示。

表 11.2.1　专项训练 K801 加工系统设置

序号	训练内容	备注
1	填写加工各零件需要准备的毛坯的尺寸及数量。 坚果夹底座:________×________×________,________个。 坚果夹体:________×________×________,________个。 坚果夹手柄:________×________×________,________个。 坚果夹卡口:________×________×________,________个。 坚果夹螺杆:________×________×________,________个。	

续表

序号	训练内容	备注
2	分析坚果夹各零件的加工工艺，写出其加工方式（车或铣），并填写刀具清单。 坚果夹底座的加工方式为________，工具清单为____（示例：ϕ12 立铣刀、ϕ12R6 球刀、外圆车刀、螺纹车刀、切槽车刀、ϕ12 麻花钻、ϕ6 中心钻、ϕ8 倒角刀）。 坚果夹体的加工方式为________，工具清单为________。 坚果夹手柄的加工方式为________，工具清单为________。 坚果夹卡口的加工方式为________，工具清单为________。 坚果夹螺杆的加工方式为________，工具清单为________。	
3	分析并填写正确的加工顺序号。 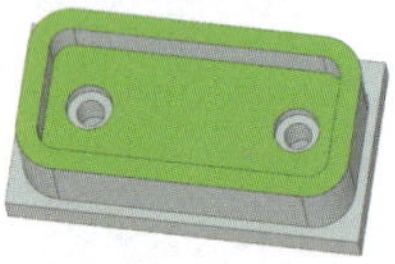 （ ） 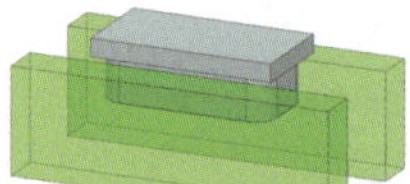 （ ） 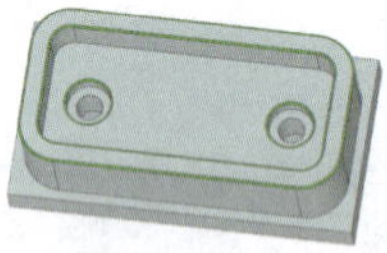 （ ） 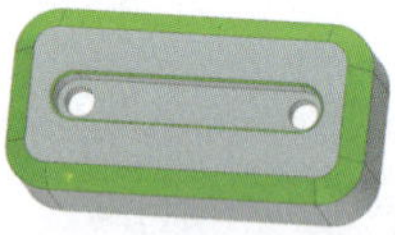 （ ） 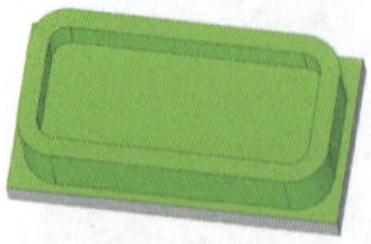 （1） 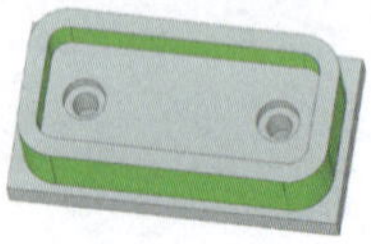 （ ） 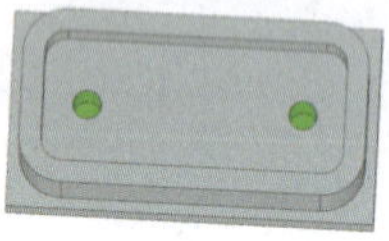 （ ） 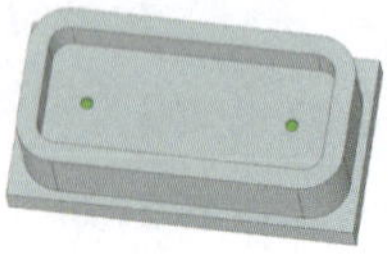 （ ） 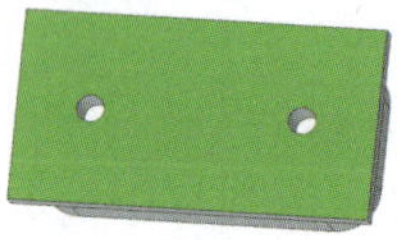 （ ） 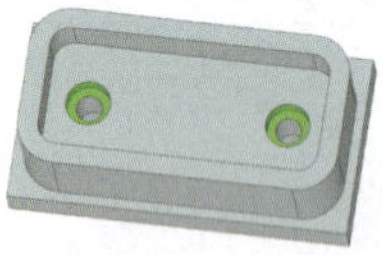 （ ） 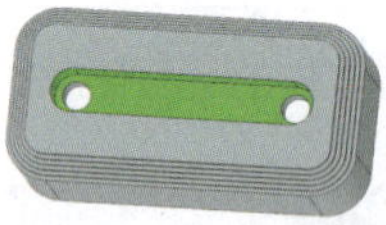 （ ） 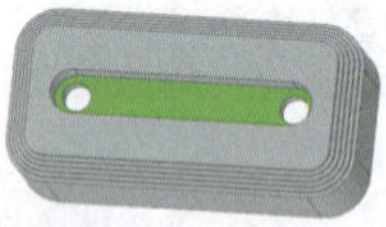 （ ） 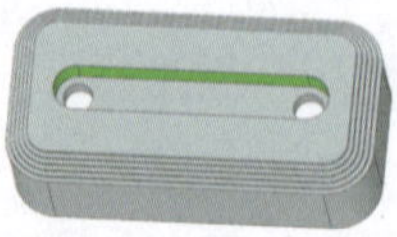 （ ） 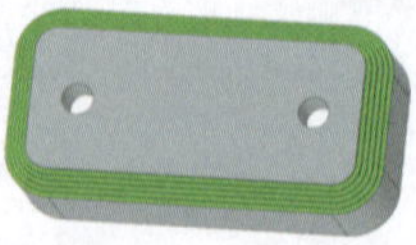 （ ）	

（3）学习【链接知识 K802 钻孔】。

（4）完成【专项训练 K802 钻孔】，如表 11.2.2 所示。

表 11.2.2　专项训练 K802 钻孔

序号	训练内容	备注
1	请查看图中的刀路，圈出错误之处，并圈出需要修改的参数，写出修改数据。 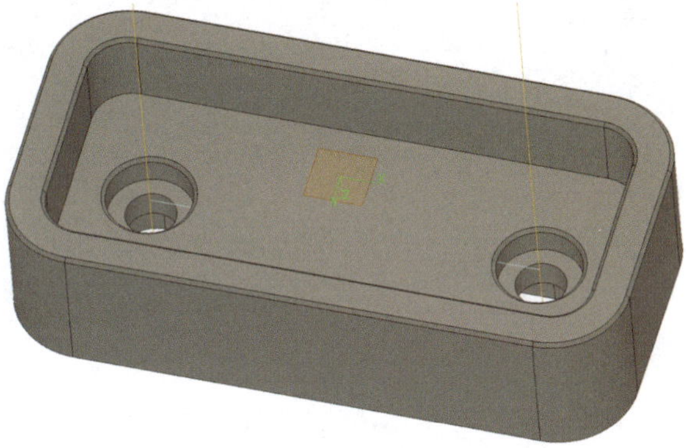  需要修改的参数及修改数据如下： ______________________________ ______________________________	

续表

序号	训练内容	备注
2	请补全图中所示螺纹孔底啄钻加工策略对话框中的相关加工参数。  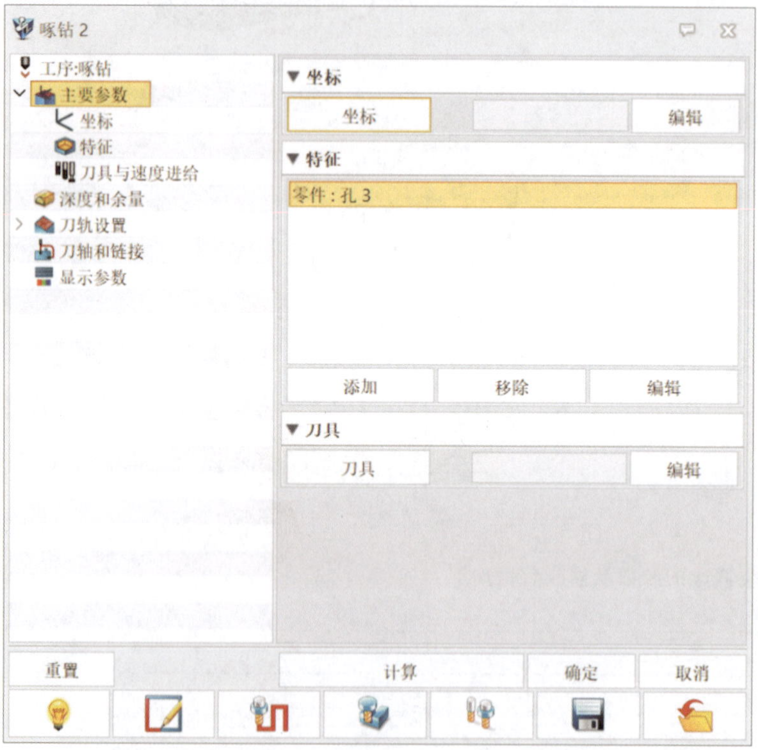 	

序号	训练内容	备注
2	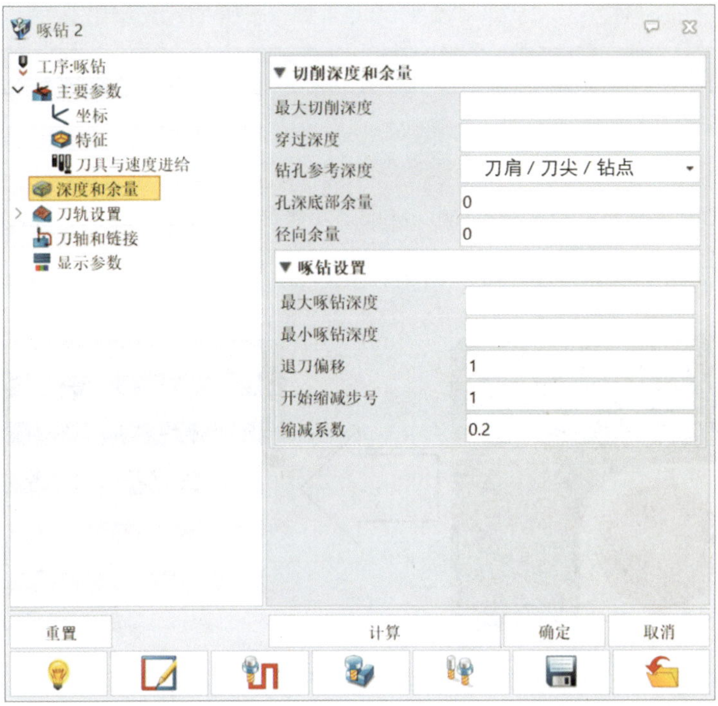 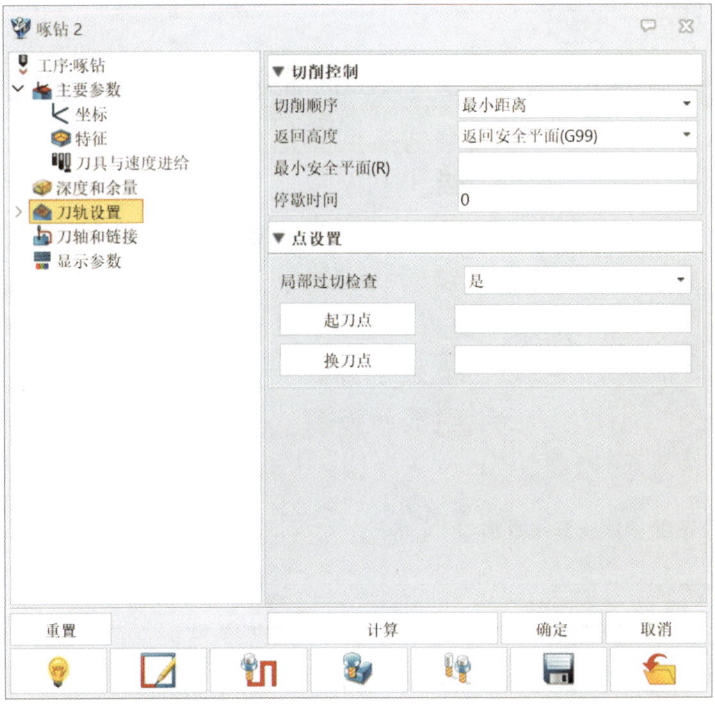	

（5）完成【链接知识 K803.1 动态开粗（VoluMill3x）】。

（6）完成【专项训练 K803.1 动态开粗（VoluMill3x）】，如表 11.2.3 所示。

表 11.2.3　专项训练 K803.1 动态开粗（VoluMill3x）

序号	训练内容	备注
1	请选择需要修改的动态开粗（VoluMill3x）功能参数并在图中圈出，写出修改数据，使图中的内腔零件粗加工到圆角处。 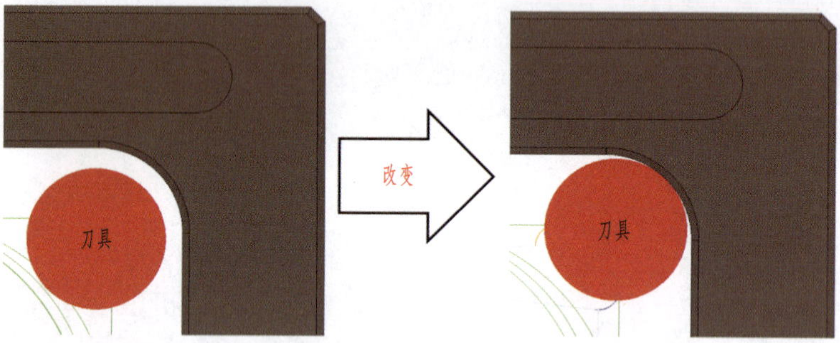 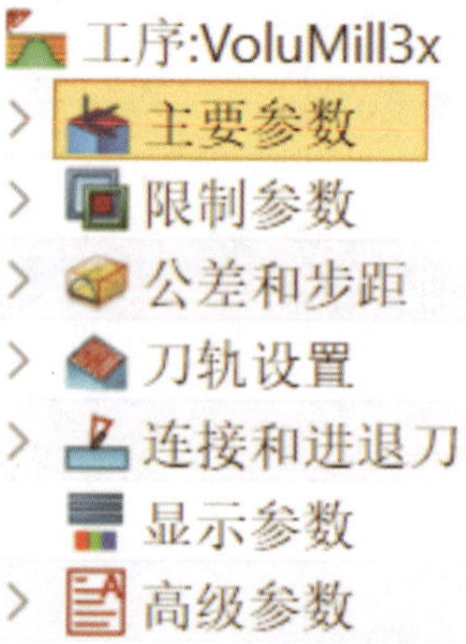 需要修改的参数及修改数据如下： __________ __________	

续表

<table>
<tr><th>序号</th><th>训 练 内 容</th><th>备注</th></tr>
<tr><td>2</td><td>

请补全加工策略对话框中的相关加工参数。

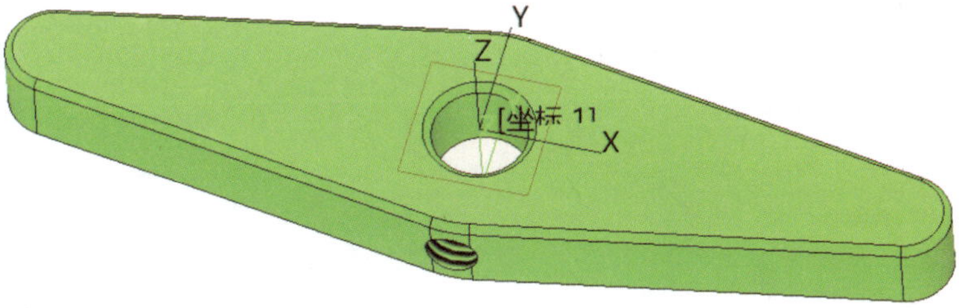

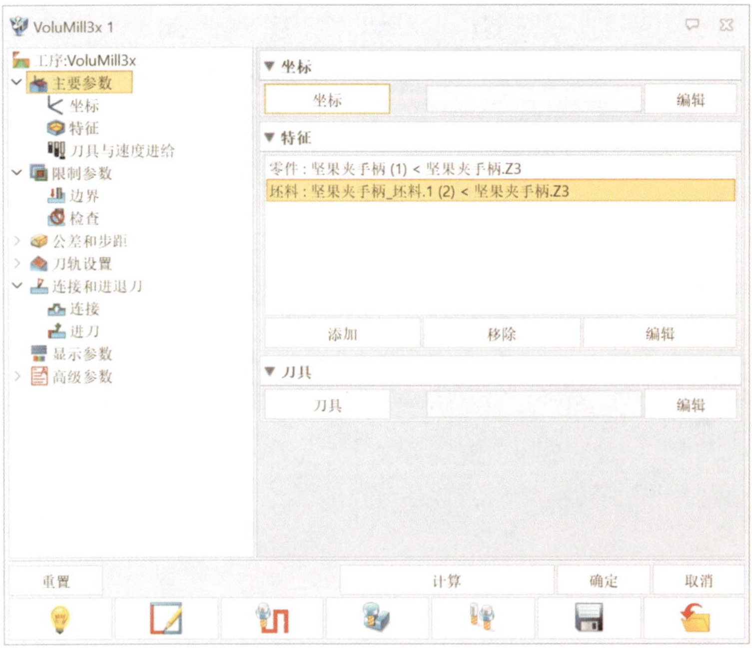

</td><td></td></tr>
</table>

续表

<table>
<tr><th>序号</th><th>训练内容</th><th>备注</th></tr>
<tr><td>2</td><td>
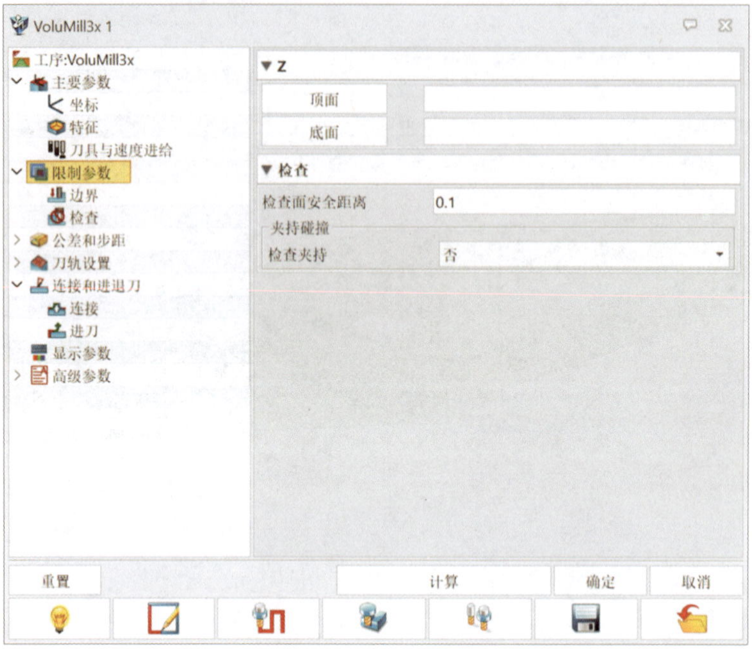

</td><td></td></tr>
</table>

<table>
<tr><th>序号</th><th>训练内容</th><th>备注</th></tr>
<tr><td>2</td><td>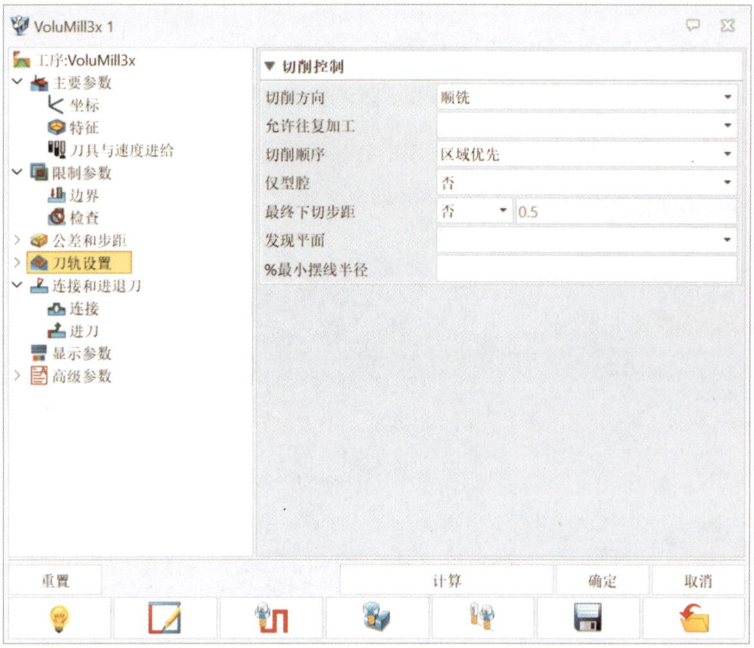

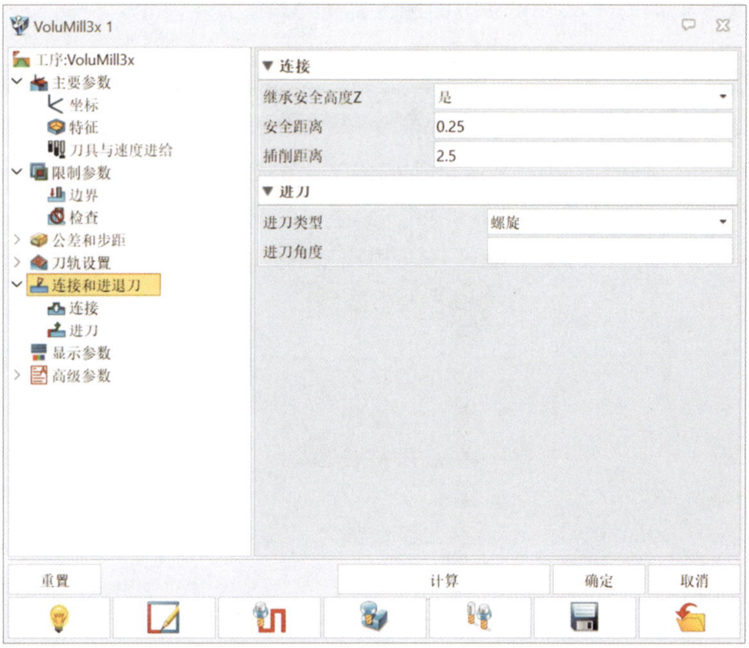
</td><td></td></tr>
</table>

续表

<table>
<tr><th>序号</th><th>训 练 内 容</th><th>备注</th></tr>
<tr><td>2</td><td>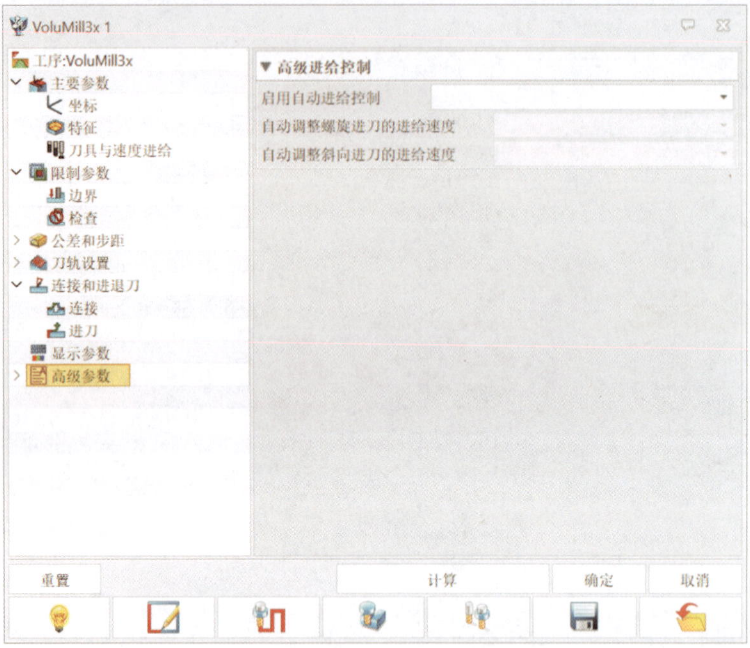
</td><td></td></tr>
</table>

（7）完成【链接知识 K803.2 平坦面加工】。

（8）完成【专项训练 K803.2 平坦面加工】，如表 11.2.4 所示。

表 11.2.4　专项训练 K803.2 平坦面加工

<table>
<tr><th>序号</th><th>训 练 内 容</th><th>备注</th></tr>
<tr><td>1</td><td>请圈出平坦面加工时“刀具侧向切削量”需要设置的功能项目，并将参数填写在横线上。
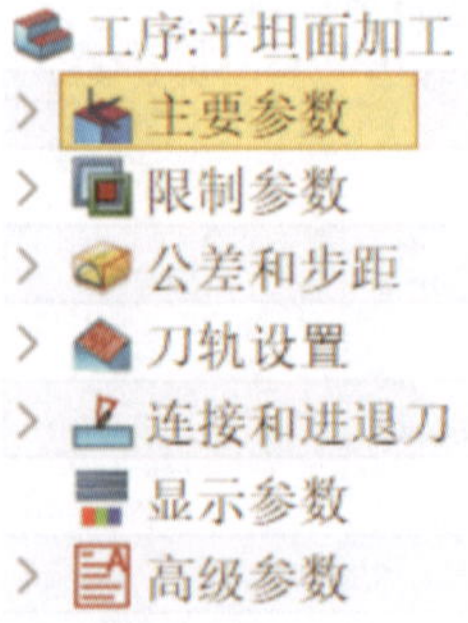

参数如下：
____
________________________________</td><td></td></tr>
</table>

续表

序号	训练内容	备注
2	请补全加工策略对话框中的相关加工参数。 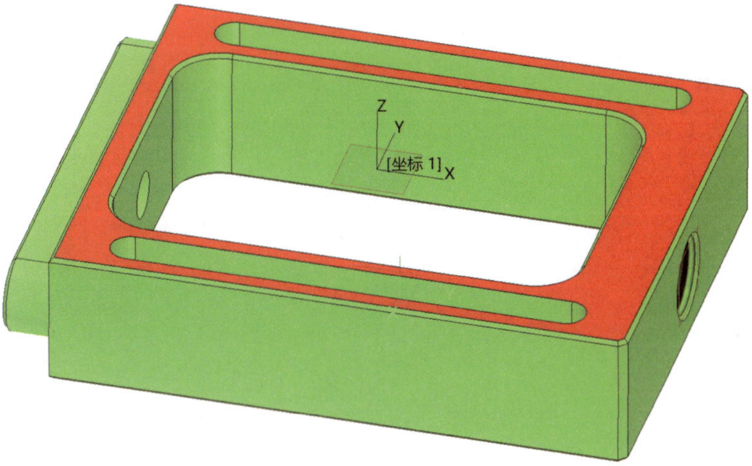 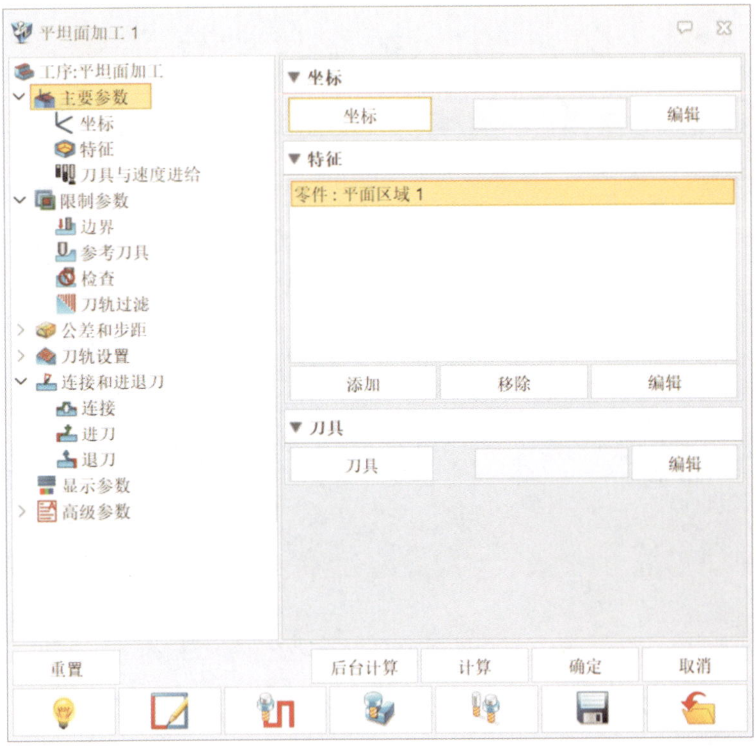 	

续表

<table>
<tr><th>序号</th><th>训练内容</th><th>备注</th></tr>
<tr><td>2</td><td>
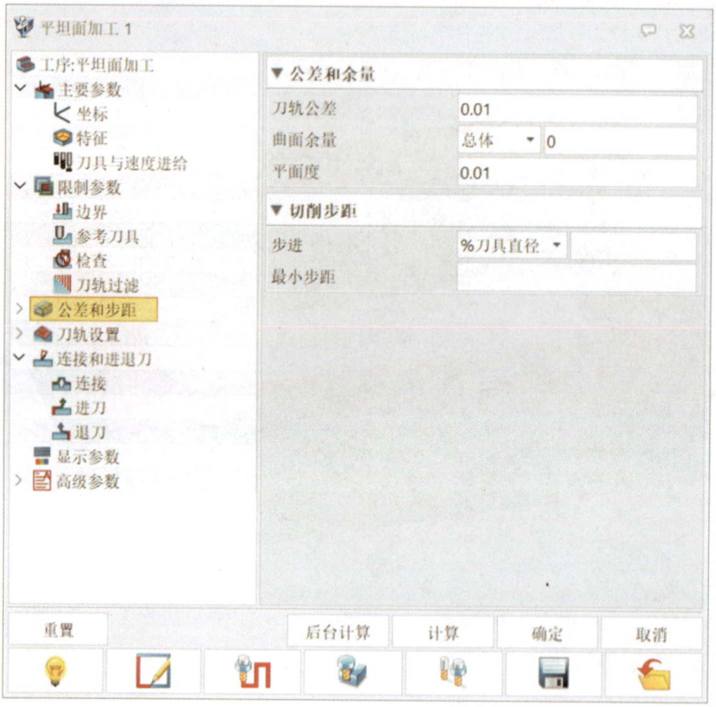

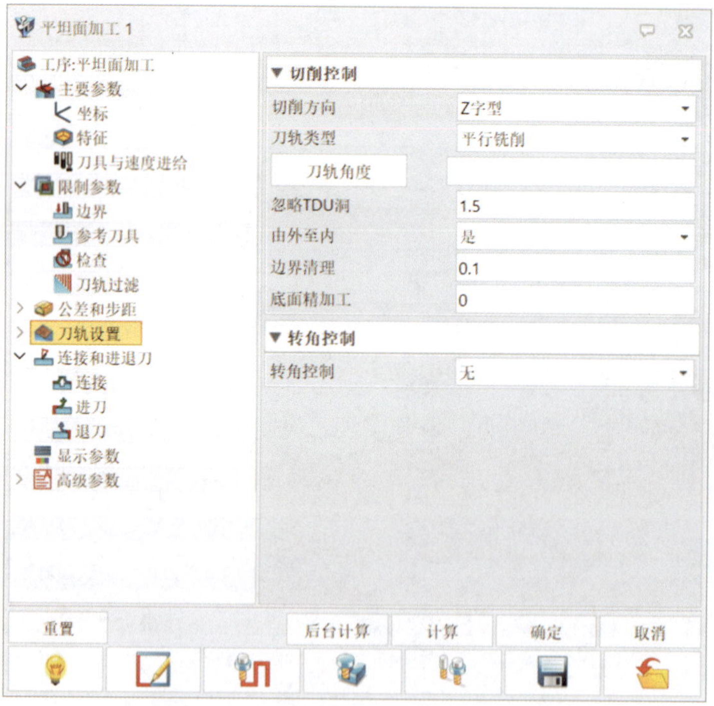

</td><td></td></tr>
</table>

续表

序号	训 练 内 容	备注
2	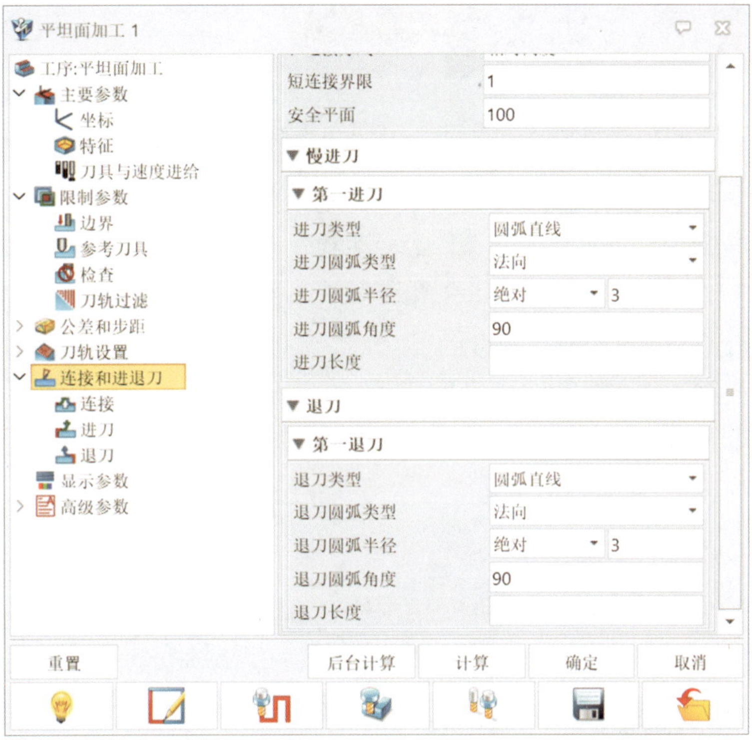	

(9) 完成【链接知识 K804.1 轮廓铣削】。

(10) 完成【专项训练 K804.1 轮廓铣削】,如表 11.2.5 所示。

表 11.2.5 专项训练 K804.1 轮廓铣削

序号	训 练 内 容	备注
1	请查看图中的刀路,圈出错误之处,并圈出需要修改的参数,写出修改数据。 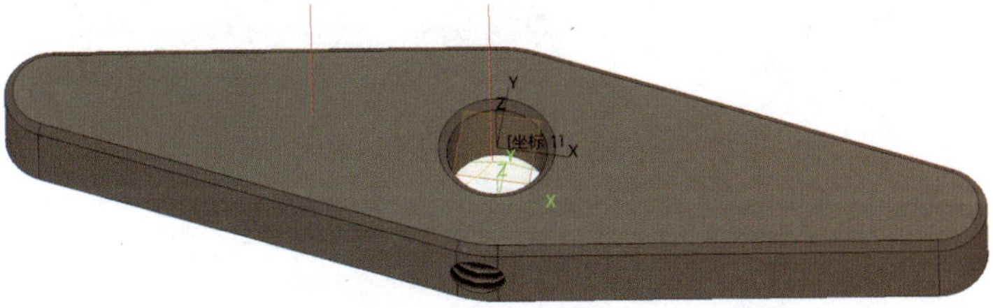	

续表

序号	训练内容	备注
1	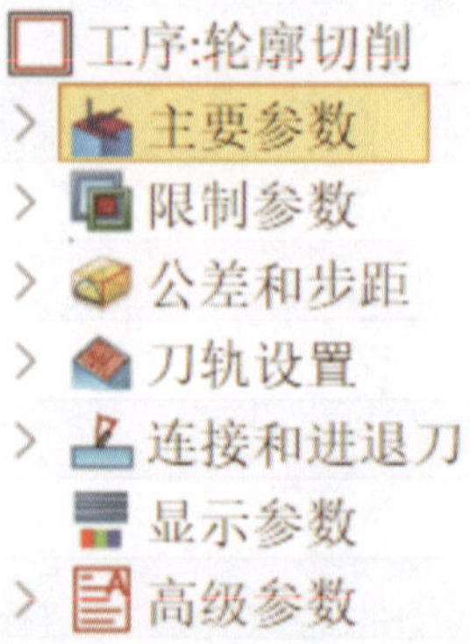 需要修改的参数及修改数据如下： ____________________ ____________________	
2	请补全加工策略对话框中的相关加工参数。 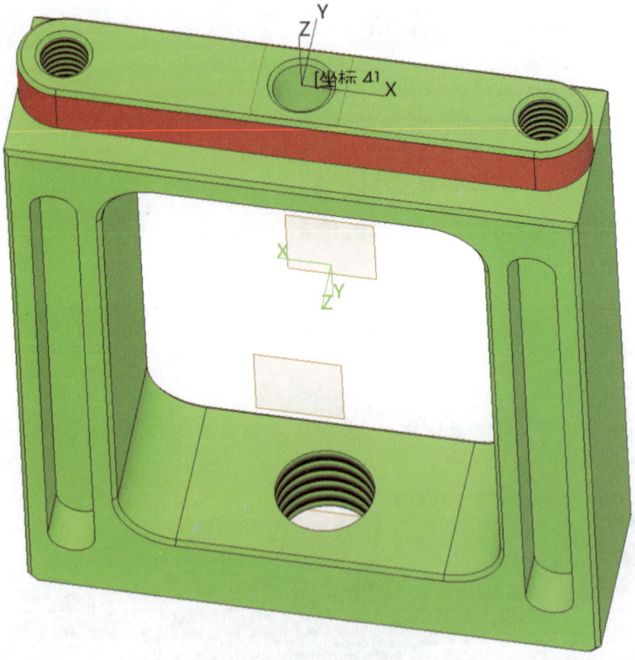 	

续表

序号	训练内容	备注
2	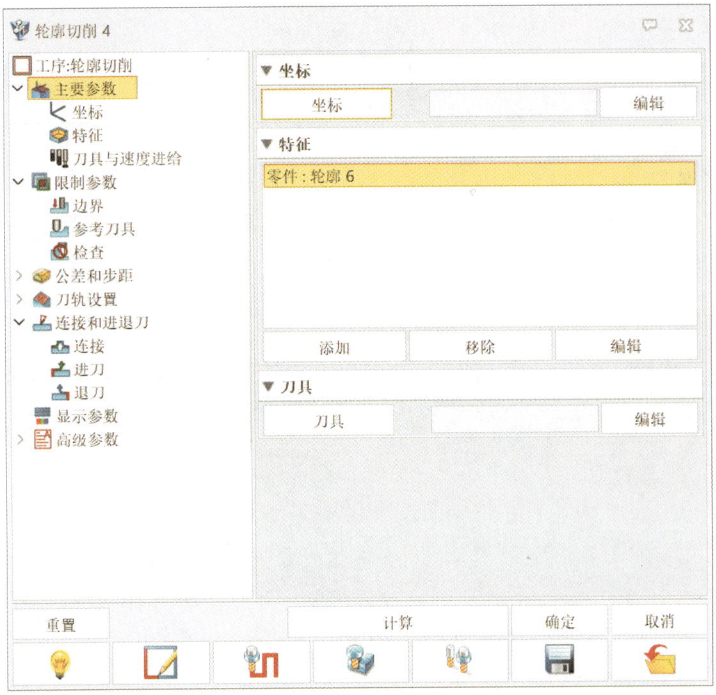 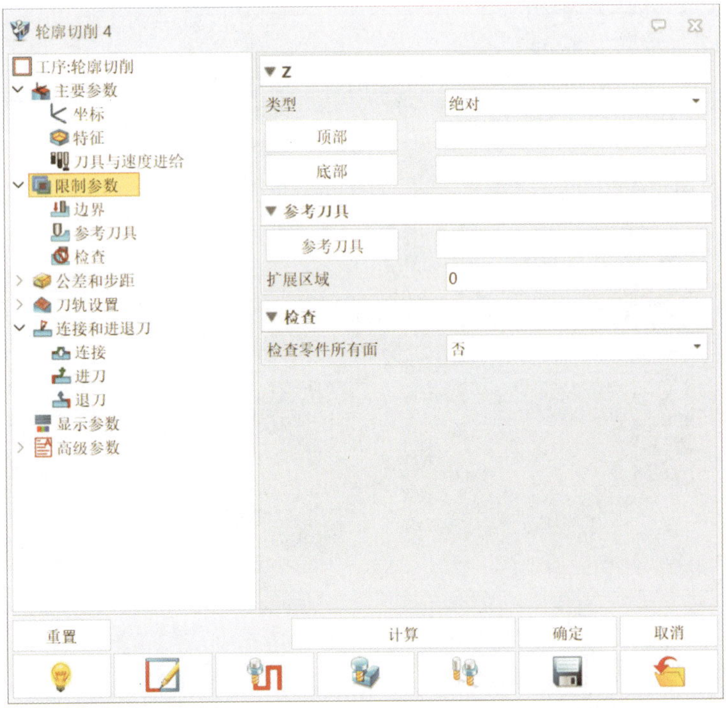	

续表

<table>
<tr><th>序号</th><th>训练内容</th><th>备注</th></tr>
<tr><td>2</td><td>
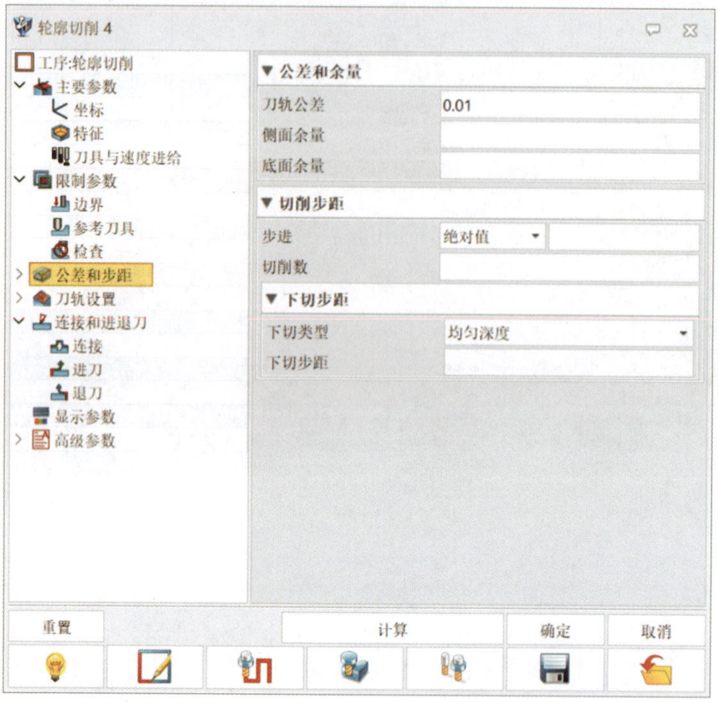

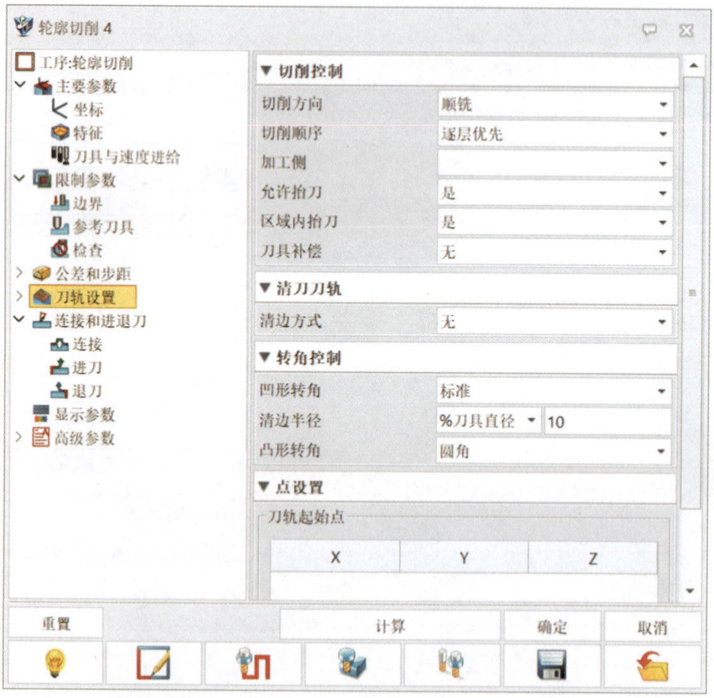

</td><td></td></tr>
</table>

续表

序号	训 练 内 容	备注
2	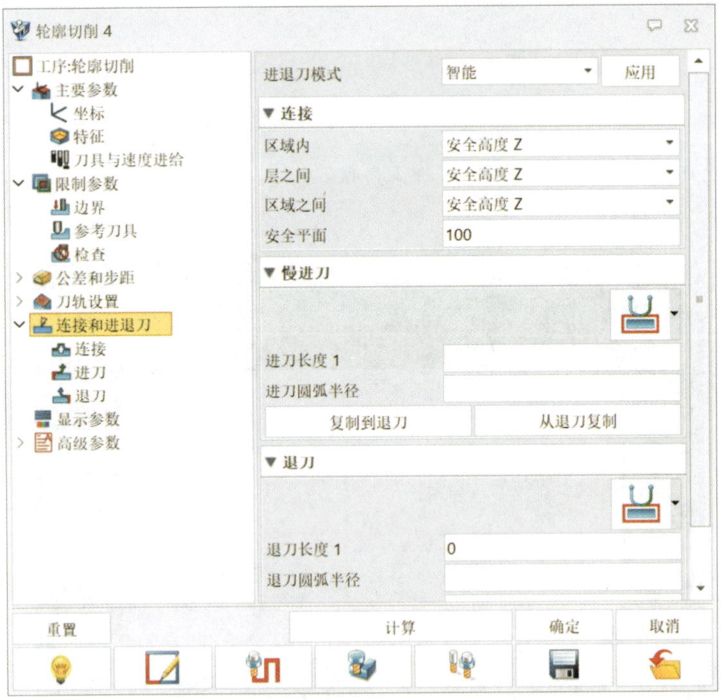	

(11) 完成【链接知识 K804.3 倒角】。

(12) 完成【专项训练 K804.3 倒角】,如表 11.2.6 所示。

表 11.2.6　专项训练 K804.3 倒角

序号	训 练 内 容	备注
1	请圈出倒角加工刀尖下切深度参数项目,并在横线上写出具体的参数名称及参数。  需要修改的参数及修改数据如下: ____________________ ____________________	

续表

<table>
<tr><th>序号</th><th>训练内容</th><th>备注</th></tr>
<tr><td>2</td><td>请补全加工策略对话框中的相关加工参数。
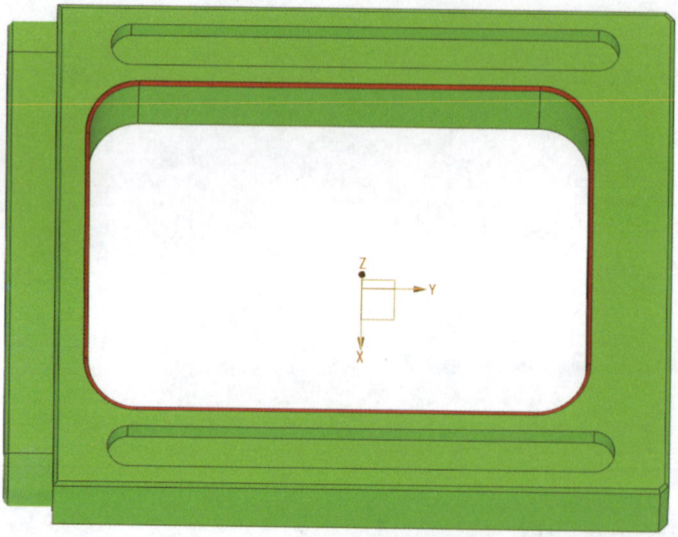

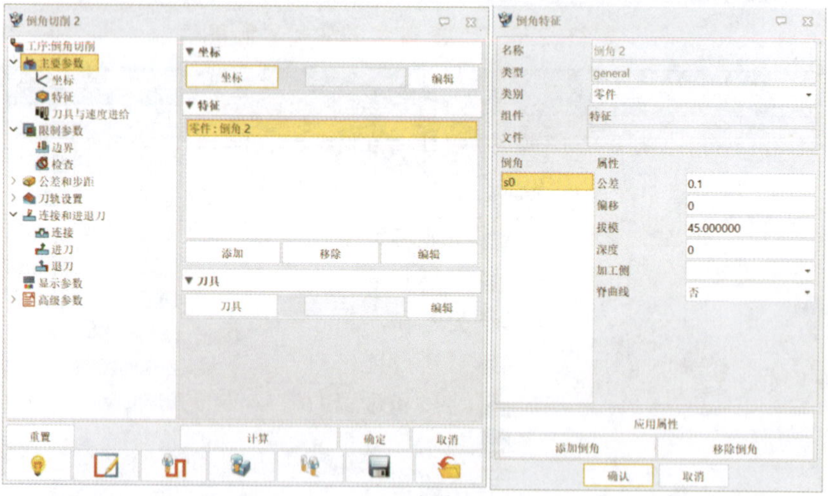
</td><td></td></tr>
</table>

续表

<table>
<tr><th>序号</th><th>训练内容</th><th>备注</th></tr>
<tr><td>2</td><td>

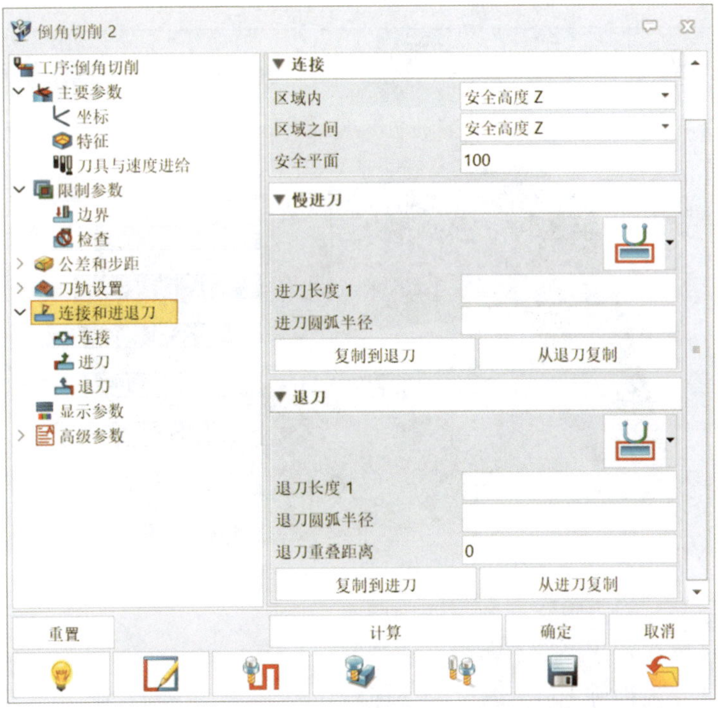

</td><td></td></tr>
</table>

（13）完成【链接知识 K805 实体仿真】。

（14）完成【专项训练 K805 实体仿真】，如表 11.2.7 所示。

表 11.2.7　专项训练 K805 实体仿真

序号	训练内容	备注
1	请圈出降低刀具运动速度需要修改的参数。 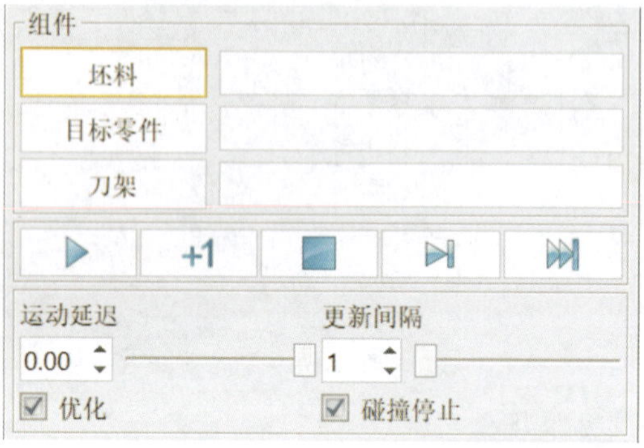 此参数应设置为______。	

（15）学习【链接知识 K806 添加坐标系】。

（16）完成【专项训练 K806 添加坐标系】，如表 11.2.8 所示。

表 11.2.8　专项训练 K806 添加坐标系

序号	训练内容	备注
1	请圈出翻面装夹时需要重新设置的坐标点。 	

（17）学习【链接知识 K807 编辑后处理】。

（18）完成【专项训练 K807 编辑后处理】，如表 11.2.9 所示。

表 11.2.9　专项训练 K807 编辑后处理

<table>
<tr><th>序号</th><th>训 练 内 容</th><th>备注</th></tr>
<tr><td>1</td><td>请圈出后置处理需要修改的参数。
默认属性
程序开始
零件号
块序数
注释块
定义机床功能
自动换刀
定义功能字属性
定义5轴机床
输出格式
刀具长度补偿
固定循环
其他属性
反后置处理函数
输出主轴
运动参数
程序结束
编辑宏指令</td><td></td></tr>
</table>

(19) 学习【链接知识 K808 程序输出】。

(20) 完成【专项训练 K808 程序输出】,如表 11.2.10 所示。

表 11.2.10　专项训练 K808 程序输出

<table>
<tr><th>序号</th><th>训 练 内 容</th><th>备注</th></tr>
<tr><td>1</td><td>请结合程序输出前及使用不同工件坐标系输出程序时要检查的参数和操作顺序,用圆圈“○”圈出点击的部分,用箭头“→”标出操作顺序。

</td><td></td></tr>
</table>

续表

序号	训练内容	备注
1	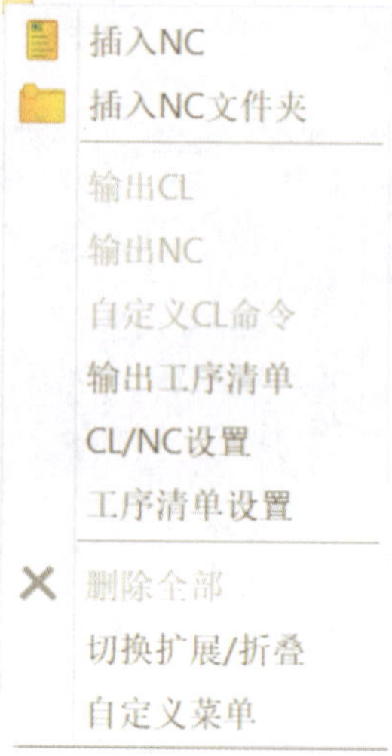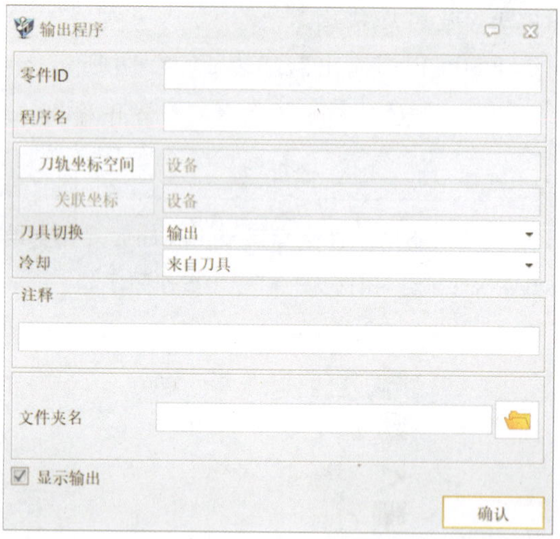	

(21) 完成【链接知识 K804.2 螺旋切削】。

(22) 完成【专项训练 K804.2 螺旋切削】,如表 11.2.11 所示。

表 11.2.11　专项训练 K804.2 螺旋切削

序号	训练内容	备注
1	如果在加工过程中刀具损坏了，除了更改加工刀具运动参数，还需要在刀轨的软件设置中更改某一参数。请圈出需要更改的参数项目，并写出具体参数名称和参数数据。  参数名称和参数数据如下：____ ____ ____。	

续表

序号	训 练 内 容	备注
2	请补全螺旋加工策略对话框中的相关加工参数。  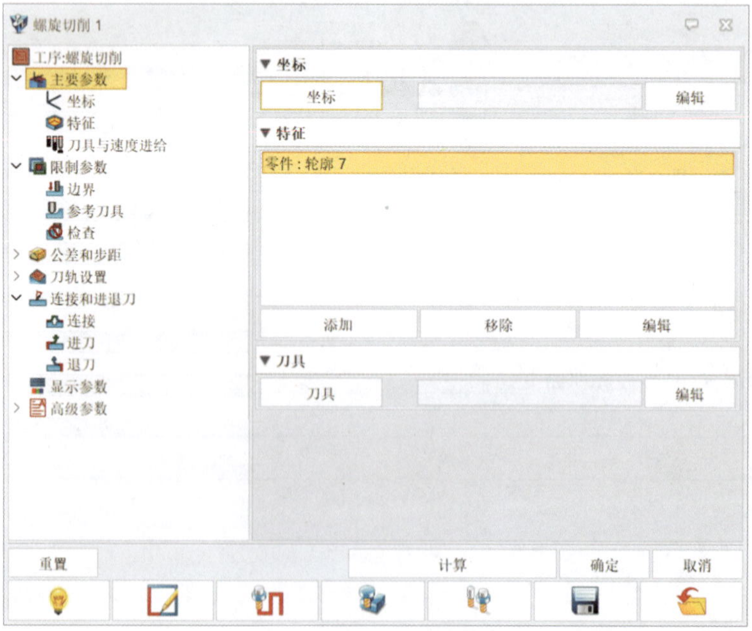 	

<table>
<tr><th>序号</th><th>训练内容</th><th>备注</th></tr>
<tr><td>2</td><td>
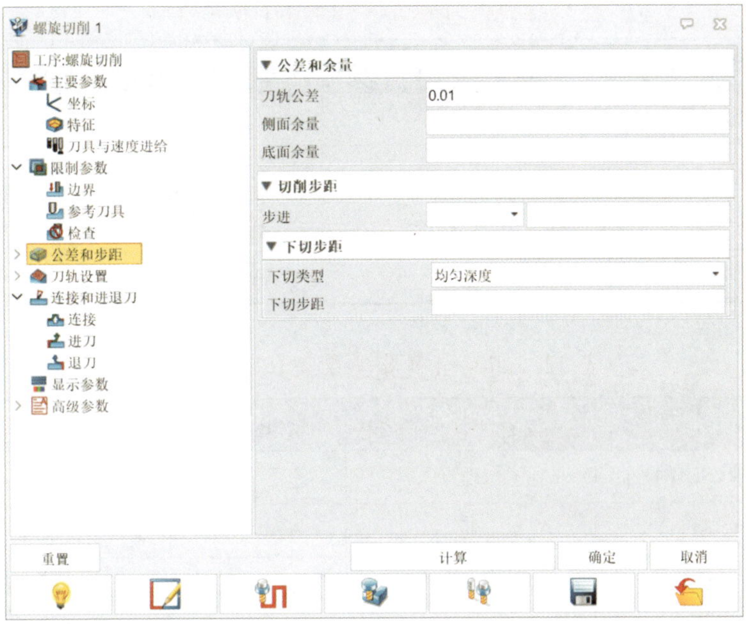

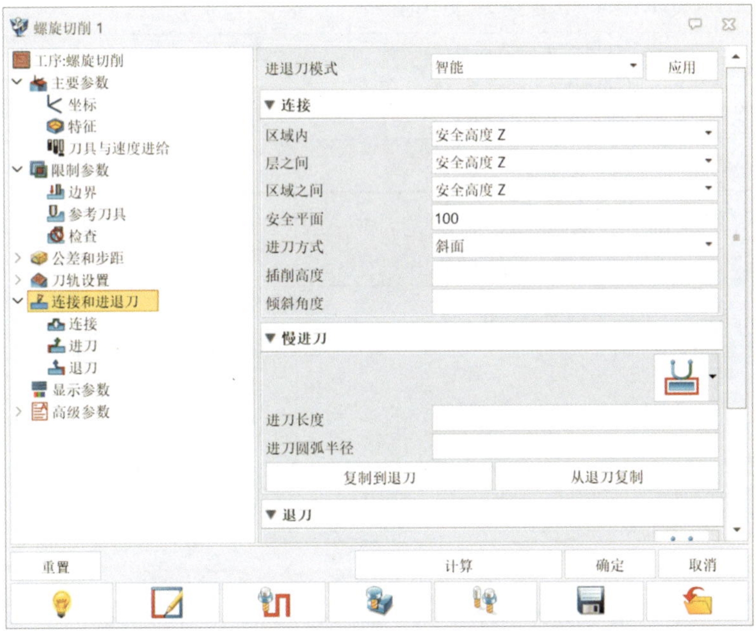

</td><td></td></tr>
</table>

【任务评价】

完成【任务 2 制作坚果夹】后，请如实填写表 11.2.12 和表 11.2.13。

表 11.2.12 【制作坚果夹】任务评价表

评价项目	评价标准	评价等级		
加工软件	熟练	A□	B□	C□
加工工艺	正确	A□	B□	C□
操作安全	安全	A□	B□	C□
工量具使用	规范	A□	B□	C□

表 11.2.13 【制作坚果夹】8S 评价表

序号	项目	自评	组长评价	教师评价
1	整理(SEIRI)	A□ B□ C□	A□ B□ C□	A□ B□ C□
2	整顿(SEITON)	A□ B□ C□	A□ B□ C□	A□ B□ C□
3	清扫(SEISO)	A□ B□ C□	A□ B□ C□	A□ B□ C□
4	清洁(SEIKETSU)	A□ B□ C□	A□ B□ C□	A□ B□ C□
5	素养(SHITSUKE)	A□ B□ C□	A□ B□ C□	A□ B□ C□
6	安全(SAFETY)	A□ B□ C□	A□ B□ C□	A□ B□ C□
7	节约(SAVE)	A□ B□ C□	A□ B□ C□	A□ B□ C□
8	学习(STUDY)	A□ B□ C□	A□ B□ C□	A□ B□ C□

注：评价等级中的“A”对应“好”、“B”对应“一般”、“C”对应“差”。

学生：__________ 组长：__________ 教师：__________

附　　录

关键知识点编码

A303.1	两圆柱正交的相贯线画法
A604	零件图的工艺结构
A605	读零件图
I101	数控车床操作规程
I102	数控车床认识
I103	数控车床的控制面板认识
I104	数控车床的手动操作
I105	数控车床对刀和坐标系的设置
I301	数控程序结构
I302	辅助功能 M 指令
I303	主轴功能 S、进给功能 F 和刀具功能 T
I304	准备功能 G 代码
I601	快速定位指令 G00
I602	直线插补指令 G01
J103	数控铣床操作规程
J101	数控铣床认识
J201	数控铣床的手动操作
J202	数控铣床常用刀柄刀具认识
J203	数控铣床对刀和坐标系的设置
J301	数控铣削基本编程知识
J302	G00、G01 指令的应用
J303	G02、G03 指令的应用
J304	G40、G41、G42 指令的应用
J305	G43、G44、G49 指令的应用
K801	加工系统的设置
K802	钻孔

K803.1	动态开粗(Volumill3X)
K803.2	平坦面加工
K804.1	轮廓铣削
K804.3	倒角
K805	实体仿真
K806	添加坐标系
K807	编辑后处理
K808	程序输出
K804.2	螺旋

参 考 文 献

［1］ 钱可强.机械制图［M］.北京：高等教育出版社，2017.
［2］ 人力资源社会保障部教材办公室.极限配合与技术测量基础［M］.北京：中国劳动和社会保障出版社，2014.
［3］ 崔陵，娄海滨.零件测量与质量控制技术［M］.2版.北京：高等教育出版社，2014.
［4］ 禹诚.数控车工理实一体化实训教程［M］.武汉：华中科技大学出版社，2017.
［5］ 禹诚.数控铣工理实一体化实训教程［M］.武汉：华中科技大学出版社，2017.